Aldo Rebouças

uso inteligente da

ÁGUA

São Paulo, 2011

Copyright do texto © 2004 Aldo Rebouças
Copyright da edição © 2011 Escrituras Editora

1ª reimpressão: julho/2011

Todos os direitos desta edição cedidos à
Escrituras Editora e Distribuidora de Livros Ltda.
Rua Maestro Callia, 123 – Vila Mariana – São Paulo, SP – 04012-100
Tel.: (11) 5904-4499 / Fax: (11) 5904-4495
escrituras@escrituras.com.br
www.escrituras.com.br

Diretor editorial
Raimundo Gadelha

Coordenação editorial
Mariana Cardoso

Assistente editorial
Ravi Macario

Projeto gráfico
Peter Cheng

Editoração
Reverson Diniz
Vaner Alaimo

Revisão
Angela Annunciato
Jonas Pinheiro

Impressão
Corprint

Dados Internacionais de Catalogação na Publicação (CIP)
(Câmara Brasileira do Livro, SP, Brasil)

Rebouças, Aldo
    Uso inteligente da água / Aldo Rebouças. –
São Paulo: Escrituras Editora, 2004.

    ISBN: 85-7531-113-1

    Bibliografia.

    1. Água – Uso 2. Água – Uso – Brasil
    3. Recursos hídricos – Brasil I. Título

03-6965   CDD-553.7

Índice para catálogo sistemático:
1. Água: Uso inteligente: Geologia econômica   553.7

Impresso no Brasil   Obra em conformidade com o Acordo
Printed in Brazil   Ortográfico da Língua Portuguesa

Embora o Brasil ostente o maior volume de água-doce do mundo nos seus rios, quando estes secarem ou só transportarem esgotos não tratados das nossas cidades, já não será possível produzir alimentos, plantar árvores e o dinheiro do bolso de pouco valerá.

Aldo da Cunha Rebouças

Professor de Pós-Graduação em Gestão de Recursos Hídricos e de Aquíferos
Instituto de Geociências

Pesquisador de Recursos Hídricos e Ambiente
Instituto de Estudos Avançados da Universidade de São Paulo

SUMÁRIO

APRESENTAÇÃO   9

PRIMEIRA PARTE

1. INTRODUÇÃO   11
   Água, solvente universal   11
   Gelo que flutua   12

2. ÁGUA NO COSMO   14
   Distância dos planetas ao Sol   15
   A reciclagem do CO_2 nos planetas Terra, Marte e Vênus   16

SEGUNDA PARTE

3. ÁGUA NA TERRA   19
   Água no subsolo   21
   Água é vida, vida é água na Terra   22
   Depuração natural da água na Terra   24
   O cidadão e a água   26
   Inércia política tradicional   27
   Gestão de recursos hídricos e de bacias hidrográficas   28
   Critérios de gestão integrada das águas   29
   A substituição de fontes   30

4. AS ESTATÍSTICAS ENGANADORAS   31
   Água, mercadoria com valor de mercado   33
   Regiões de déficit e excedente hídrico   33
   Omissão da necessidade de uso cada vez mais eficiente   36

TERCEIRA PARTE

5. ÁGUA NO BRASIL   39
   Muita água nos rios: má distribuição e grandes desperdícios   40
   Os três setores do mundo atual   43
   As águas subterrâneas   44
   A transposição de bacias hidrográficas no Brasil   51
   Transformação demográfica e água no Brasil   53
   O problema no Nordeste semiárido do Brasil   54

6. A VISÃO SISTÊMICA NA GESTÃO INTEGRADA 60
Os elementos operacionais da Terra 60
Gestão integrada da água e visão sistêmica 65

7. CLASSES DE PAÍSES-MEMBROS DAS NAÇÕES UNIDAS 66
"Estresse hídrico" 68
Uso dos recursos não convencionais de água 71

8. ARCABOUÇO LEGAL E INSTITUCIONAL VIGENTE 73
Princípios básicos principais 75
Instrumentos básicos principais 78
Comitês de bacia hidrográfica e agência de águas 80

9. INSERÇÃO DAS ÁGUAS NÃO CONVENCIONAIS 82
Gestão ativa dos aquíferos 83
Reúso da água 85

10. MUDANÇAS CLIMÁTICAS GLOBAIS 87
Mudança climática global: processo lento 87
Impactos na atmosfera da Terra 88
Impactos nas águas da Terra 89
Produção de CO_2 dos países 89

QUARTA PARTE

11. ESTUDO DE CASOS 91
Aquífero Ogallala 91
As variadas funções dos aquíferos nos Estados Unidos 92
O preço da água gratuita 93
Mercado de flores 94
Irrigação no Estado de São Paulo 95
Rios internacionais e crise da água 95

QUINTA PARTE

12. COLUNA DO ALDO 99
Mau uso da água subterrânea: "dumping" ambiental 99
Globalização e águas subterrâneas 100
Água subterrânea: fator competitivo no mercado 102
Outorga de água, cidadania e responsabilidade 105

Manejo integrado: a alternativa de solução da "crise da água"	107
Dia mundial da água	109
O flagelado da seca e a retórica da cidadania	110
Delírio das águas e as panelas vazias	115
Projetos estruturantes e as águas subterrâneas	117
$$ A importância da água subterrânea $$	119
Água subterrânea engarrafada	121
Qualidade, confiabilidade e competitividade	123
Gerenciamento integrado: sustentabilidade	124
Ética no negócio da água: o grande desafio do próximo milênio	126
Pobres e ricos de água-doce	128
Água subterrânea no programa hidrológico internacional	130
22 de março: dia mundial da água	133
Dia mundial da água: produtividade e misericórdia	135
Misericórdia para Recife	137
Gestão ativa de aquíferos	139
Os desafios da pobreza	142
A vez da água mais barata	143
Da estratégia da escassez à cidadania pela água	145
Água subterrânea e avança Brasil	147
ANA – Agência Nacional da Água e as águas subterrâneas	149
Menor ineficiência: o desafio do Terceiro Milênio	150
Água subterrânea e globalização	152
O agronegócio da água	153
Os desafios da "comoditização" da água	155
A palavra-chave na "guerra da água"	156
Eficiência: atrativo econômico	158
Água subterrânea: uma oportunidade de abastecimento seguro	159
Dia mundial da água: mais ética, mais eficiência	160
Ecos de Fortaleza (1)	163
Ecos de Fortaleza (2)	165
Ecos de Fortaleza (3)	167
Ecos de Fortaleza (4) – aonde queremos chegar?	169
Água subterrânea: fator de desenvolvimento	170
Outorga de direito e cobrança do uso da água subterrânea	172
A ANA e o desafio do uso eficiente da água	174
O desafio do uso eficiente da água	175
Racionalizar para não racionar	177
Água: estratégia da escassez	178
Água: o mito da abundância	180

As águas subterrâneas na gestão de bacias hidrográficas 181
Água subterrânea e os novos paradigmas 182
Água subterrânea na região metropolitana de São Paulo 184
O preço da água "gratuita" 185
Água subterrânea no IV Diálogo Interamericano das Águas 187
A estratégia da escassez 188
Uso eficiente da água: fator competitivo do mercado 189
As águas subterrâneas e a "crise da água" 191
Água negócio 192
Água subterrânea: a alternativa mais barata (I) 193
Água subterrânea: a alternativa mais barata (II) 195
Água subterrânea: a alternativa mais barata (III) 196
Água subterrânea: a alternativa mais barata (IV) 197
O uso intensivo das águas subterrâneas 199
Joanesburgo e as águas subterrâneas 201
A dominialidade das águas subterrâneas (I) 202
A dominialidade das águas subterrâneas (II) 203

13. REFERÊNCIAS BIBLIOGRÁFICAS 206

APRESENTAÇÃO

A água potável é aquele líquido insípido, incolor e inodoro que se bebe e se usa para lavar a louça de todo o dia, no qual podemos nadar e nos refrescar. A água-doce da Terra – toda aquela cujo teor de sólidos totais dissolvidos (STD) é inferior a 1.000 mg/l – tem uma distribuição muito irregular, tanto no espaço quanto no tempo. Entretanto, as águas renováveis – descargas médias de longo período dos rios do mundo de 43.000 km³/ano – são muito superiores às demandas totais de água da humanidade – da ordem de 6.000 km³/ano – de modo que cerca de 70% é para irrigação, 20% para consumo industrial e 10% para consumo doméstico.

Parafraseando Mahatma Gandhi (1869-1948), há água suficiente no mundo para atender a todas as necessidades da humanidade. Uma análise da situação do saneamento básico nos países membros das Nações Unidas mostra que a universalização desses serviços – cerca de 90% da população com acesso à água limpa para beber e 80% com coleta e tratamento do esgoto doméstico nas cidades –, acontece somente nos países com PIB *per capita* superior a US$ 20.000.

Dessa forma, para se atingir a universalização desses serviços no Brasil, cujo PIB médio *per capita* é de apenas US$ 3.000, seria necessário fazê-lo crescer 6 a 7 vezes, possibilitando ao cidadão pagar uma taxa equivalente àquela dos países desenvolvidos, ou seja, de 3 a 4 vezes superior à atual.

Na virada do segundo para o terceiro milênio, a evolução dos meios eletrônicos de cálculo e de transmissão de informações atingiu níveis inéditos na história da humanidade. Basta lembrar que o Processador Intel, por exemplo, evoluiu da capacidade de 3.500 operações por segundo, em 1972, para cerca de 100 milhões, atualmente, mas que poderá chegar a ser de 400 milhões de operações por segundo ainda em 2007.

Esses recursos tecnológicos possibilitam simular cenários decorrentes da utilização cada vez mais eficiente e inteligente da água. Dessa forma, verifica-se que, principalmente nos países desenvolvidos, é cada vez mais eficiente a gestão integrada da água que circula visível pelos rios ou é acumulada em reservatórios superficiais (*blue water flow*), da água que infiltra no solo e dá suporte ao desenvolvimento da biomassa (*green water flow*), das águas subterrâneas (*gray water flow*) e, especialmente, das águas de reúso, que constituem a alternativa mais barata para resolver problemas de escassez.

O número crescente de casos positivos nos países desenvolvidos mostra que, a partir da Rio-92, as empresas são o principal veículo de transformação da sociedade, seja pelas perspectivas de emprego que oferecem, seja pela "cultura da planilha de custos", que leva ao uso inteligente da água. Todavia, faz-se necessária uma descentralização e um diálogo permanente entre os governos – Federal, Estaduais e Municipais –, usuários e sociedade civil, em prol de uma solução sustentável para fornecimento de água. De outra forma, ao adotar uma solução de abastecimento não sustentável, visa-se, tão somente, a satisfazer a ganância de curto prazo de uns poucos privilegiados.

Portanto, procuramos analisar as perplexidades e contradições do final do século XX, pressionado entre os excepcionais avanços das tecnologias de gestão integrada da água, a erosão dos valores normativos e o crescimento concomitante da exclusão social e da intolerância no mundo.

As quatro primeiras partes deste livro podem ser lidas de forma independente e se dirigem ao leitor não especializado, de qualquer idade ou formação, ressaltando a necessidade de se ter um uso cada vez mais inteligente da gota d'água disponível. A quinta parte apresenta os artigos que foram publicados no Boletim Informativo da Associação Brasileira de Águas Subterrâneas – ABAS Informa –, cuja ordem aqui apresentada é simplesmente cronológica, isto é, na sequência em que foram publicados, obedecendo à necessidade de abordagem de suas temáticas centrais.

Nosso objetivo é oferecer informações e pontos para reflexão a todos aqueles que desejam "mergulhar" num assunto que, mais que atual, é eterno. Afinal, a água é um tema dinâmico e vasto, está em toda parte, dentro e fora de nós, no princípio de todas as coisas. Após a leitura do livro, é com você.

As reflexões aqui desenvolvidas aprofundam e completam as que se tornam frequentes nos países desenvolvidos, notadamente onde o uso inteligente é a única solução aos problemas de escassez crescente de água.

A engenharia nacional de recursos hídricos precisa entender que a única solução para os problemas de escassez de água nas cidades não é o aumento da sua oferta, mediante a construção de obras extraordinárias, mas o desenvolvimento de campanhas permanentes de informação à população sobre o uso cada vez mais inteligente da água disponível.

Aldo da C. Rebouças

PRIMEIRA PARTE

1. INTRODUÇÃO

Apesar de a água ser tão familiar e reconhecidamente um componente essencial da estrutura e do metabolismo de todos os seres vivos, parece paradoxal que ela não seja o elemento mais bem conhecido do Universo.

Para Aristóteles (384-322 a.C.), um dos maiores e mais influentes pensadores gregos, fogo, ar, terra e água seriam os quatro elementos fundamentais formadores do Universo. Até o século XVIII, a água era considerada como um corpo simples. Em 1781, o químico e teólogo inglês Joseph Priestley realizou, por combustão, a síntese do hidrogênio. Quase no mesmo período, os químicos Lavoisier (1743-1794) e Cavendish (1731-1810) verificaram que a molécula da água era composta por hidrogênio e oxigênio, principalmente. Sabe-se, hoje, que uma gota d'água é composta por milhões de partículas muito pequenas, chamadas de moléculas. Cada molécula, por sua vez, consiste de partículas ainda menores, os átomos. Em 1805, Gay-Lussac (1778-1850) e Humboldt (1769-1859) determinaram que na molécula da água a relação hidrogênio/oxigênio era de 2 para 1, isto é, de dois átomos de hidrogênio para um átomo de oxigênio, conduzindo à sua fórmula molecular, a hoje conhecida H_2O.

A água é na verdade uma combinação de muitas substâncias. Sabe-se, hoje, que até a mais pura das águas contém outros elementos além dos átomos de hidrogênio e oxigênio. A molécula de água pode conter porções ínfimas de deutério, um átomo de hidrogênio que pesa mais do que o átomo ordinário de hidrogênio. A água formada por uma combinação de deutério e oxigênio é chamada de água pesada.

ÁGUA, SOLVENTE UNIVERSAL

É certamente surpreendente que, embora a água tenha uma fórmula química básica tão simples, nunca tenha sido possível produzi-la artificialmente. O máximo que tem sido feito até agora é ajustar a qualidade da água aos diferentes tipos de consumo. Por exemplo, reduzem-se os teores de Sólidos Totais Dissolvidos mediante o processo conhecido por dessalinização; materiais em suspensão são retidos em filtros lentos de areia; métodos de tratamento ou purificação da água podem torná-la potável ou adequada ao consumo humano ou aos diferentes usos industriais.

A química nos ensina que, na molécula da água, cada átomo de hidrogênio está ligado ao átomo de oxigênio pelo que se chama de uma ligação covalente. Nesse tipo de ligação química, cada átomo de hidrogênio e de oxigênio tem um elétron em comum. O átomo de hidrogênio tem assim dois elétrons em lugar de um, e o oxigênio, tem oito elétrons periféricos em lugar de seis (uma vez que ele participa de duas ligações). Sabe-se que isso corresponde a camadas eletrônicas externas completas, o que confere uma grande estabilidade à molécula da água (fig. 1).

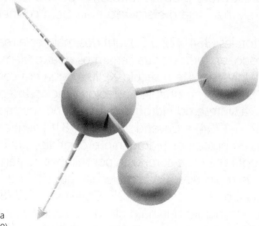

Fig. 1
Estrutura química da
água (Eagland, 1990).

A distribuição dos elétrons na ligação covalente OH não é simétrica, uma vez que o elétron de hidrogênio, cuja carga elétrica é positiva, é mais fortemente atraído pelo do oxigênio, que tem carga negativa.

Sabe-se, atualmente, que as moléculas de água podem se inserir entre os íons constitutivos do cristal de certos sais, ácidos e bases, orientando suas cargas elétricas para as partes com cargas elétricas de sinais opostos. Isso resulta numa considerável redução da atração entre os íons cristalinos, diminuindo a coesão do cristal, facilitando sua dissolução. Esse desequilíbrio na repartição das cargas elétricas, conjugada com a geometria não linear da molécula d'água, resulta na existência de um forte momento bipolar elétrico que tem como corolário o fato de a água ser o solvente universal.

GELO QUE FLUTUA

Essa propriedade pode ser mais facilmente entendida em termos de ligações de hidrogênio da água (fig. 2). Na rede tetraédrica, formada pelas ligações do hidrogênio da água na forma de gelo, estas não correspondem ao empilhamento mais compacto. Contudo, na forma líquida, ou quando o gelo funde, as ligações de hidrogênio tornam-se mais compactas, resultando na maior densidade da água na forma líquida do que na sólida.

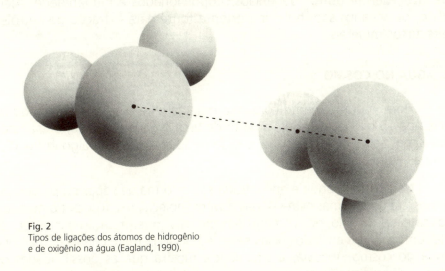

Fig. 2
Tipos de ligações dos átomos de hidrogênio e de oxigênio na água (Eagland, 1990).

A experiência mostra que, quando a temperatura da água atinge 4°C, ela começa a expandir-se, e esse aumento progressivo de volume ocorre até a temperatura de congelamento (0°C). Ao contrário, se a água se contraísse ao congelar, qualquer volume de gelo seria mais pesado que igual volume de água em forma líquida, e então este afundaria. Assim, mais gelo iria se acumulando no fundo dos corpos d'água – rios, lagos e oceanos – a cada inverno. No verão, o calor irradiado pelo sol não poderia derreter o gelo assim acumulado. Como decorrência, com o tempo todas as águas da Terra se converteriam em gelo, com exceção, certamente, da fina camada que seria derretida pelo calor do sol de verão.

Por outro lado, a água-doce, ao congelar, separa-se da salgada, cujo ponto de congelamento fica muito abaixo da temperatura 0°C. Como consequência, os "icebergs" ou massas de gelo são de água-doce e flutuam, naturalmente, nas águas líquidas e relativamente mais salgadas dos mares.

O fato de a água na forma de gelo ser doce e flutuar tem um grande alcance ambiental e econômico. Em termos ambientais, tem-se que a vida aquática continua se desenvolvendo sob as espessas camadas de gelo dos polos geográficos da Terra, por exemplo. Em segundo lugar, as correntes de água fria passam por baixo das quentes e circulam pelos oceanos da Terra, regulando os seus climas.

Os oceanos são, atualmente, reguladores fundamentais do clima ou do tempo, engendrando ambientes propícios ao desenvolvimento de diferentes formas de vida, fonte de alimentos, meios de transporte e de lazer, dentre outros benefícios proporcionados à humanidade. Além disso, os oceanos são, hoje, importante fonte para extração de petróleo e recursos minerais.

2. ÁGUA NO COSMO

Hoje, é praticamente consenso mundial que o cosmo se formou há cerca de 15 bilhões de anos, a partir de uma grande explosão, o chamado Big-Bang. Segundo essa teoria, o sistema solar atual teria algo entre 10,5 bilhões de anos.

No cosmo, a água é encontrada sob a forma de vapor ou de gelo na atmosfera de algumas estrelas, nas nuvens moleculares, formando numerosos satélites de gelo, nos cometas e planetas. A interpretação dos espectros eletromagnéticos enviados pelas naves espaciais permite conhecer melhor a água do cosmo. Todavia, a experiência mostra que as possibilidades de observação da molécula de água no cosmo dependem do estado em que esta poderá ocorrer – sólido, líquido ou gasoso. A identificação da molécula de água na forma gasosa é muito difícil de ser feita na Terra, porque boa parte da radiação eletromagnética que nos chega do espaço é absorvida pelo vapor d'água da atmosfera da Terra. Por sua vez, o vapor d'água nas galáxias se apresenta diluído nos gases de hidrogênio molecular e de hélio, relativamente mais abundantes nesses ambientes. Assim, as possibilidades de identificação da molécula de água no cosmo se tornam particularmente viáveis no estado sólido.

O Planeta Terra, visto do espaço pelo primeiro astronauta, na década de 1960, foi chamado de "Planeta Azul" ou "Planeta Água". A cor azul deriva, certamente, das grandes massas de água que compõem a sua hidrosfera, em particular a água salgada líquida dos oceanos, que cobre cerca de $^2/_3$ da superfície do Planeta e representa cerca de 97,5% da sua quantidade total de água. Vale ressaltar que os polos da Terra e os cumes das suas montanhas mais altas estão cobertos de gelo, formando os pontos brilhantes que aparecem na escuridão do espaço, enquanto as águas que ocorrem na forma líquida, escoam pela superfície dos terrenos ou neles se infiltram e vão desaguar, eventualmente, nos oceanos, nos lagos e pantanais.

Os estudos cosmogênicos atuais indicam que a água pode se formar naturalmente em diferentes regiões do Universo a partir de seus constituintes fundamentais – o hidrogênio (H) e o oxigênio (O). Entretanto, a presença desses elementos não é condição suficiente e necessária para que a água se forme. Vale salientar que o hidrogênio representa mais de 70% da massa do Universo visível, enquanto o oxigênio constitui apenas cerca de 1%.

Por enquanto, as estimativas teóricas e as observações já realizadas indicam que a quantidade de oxigênio no cosmo se situa entre 0,1% e 30%, avaliando-se que somente cerca de dois milionésimos da massa do Universo estariam sob a forma de H_2O. A molécula de água se caracteriza, como qualquer molécula de uma espécie química, pela absorção ou emissão de radiação eletromagnética. Essas radiações dão origem a faixas espectrais de comprimento milimétrico de onda, ou seja, ficam nos domínios do infravermelho, essencialmente.

Perto de 95% do Universo visível é formado pelas estrelas, cujos gases são tão quentes (vários milhões de graus centígrados em média) que todos os átomos estão quebrados em íons e elétrons. É fora de questão que moléculas de água possam existir num tal ambiente, salvo na fina película que cobre a superfície de certas estrelas, lugar privilegiado para sua formação. Entretanto, só uma pequena parcela do oxigênio está sob a forma de H_2O e o resto se reparte entre outras espécies, destacando-se o radical OH e, sobretudo, o oxigênio atômico.

DISTÂNCIA DOS PLANETAS AO SOL

Como, ao que se sabe, a água na forma líquida só ocorre em grande abundância no Planeta Terra, pensou-se que isso decorria da sua posição no cosmo em relação ao Sol, cuja distância de 150 milhões de quilômetros é também chamada de Unidade Astronômica=1UA. Assim, a ideia predominante era de que nos corpos do Universo situados, relativamente, mais distantes do Sol, as temperaturas seriam tão baixas que a água só poderia aí ocorrer na forma de gelo. Ao contrário, nos corpos do Universo situados, relativamente, mais próximos do Sol, as temperaturas seriam mais elevadas, de tal forma que a água só poderia ocorrer na forma de vapor (Omont & Bertaux, 1990).

Essa ideia era corroborada pelo fato de os planetas Terra, Vênus e Marte apresentarem aproximadamente o mesmo tamanho, mesma massa, mesma densidade, quantidades de CO_2 também quase iguais – 700 bilhões de toneladas – e rochas mais antigas formadas mais ou menos na mesma época, há cerca de 4,6 bilhões de anos. Todavia, as temperaturas das atmosferas desses planetas são muito diversas. Pensou-se que isso resultaria das suas distâncias ao Sol serem tão diferentes. Assim, a distância de Vênus ao Sol, sendo de apenas 0,7 UA ou 108 milhões de quilômetros, explicaria o fato de as temperaturas da sua atmosfera serem mais elevadas do que na Terra – cerca de 450°C positivos – de dia e de noite, o ano inteiro, do equador aos polos. Portanto, a água que algum dia existiu em Vênus há muito teria sido evaporada.

Da mesma forma, o fato de o planeta Marte estar situado a uma distância maior do sol explicaria sua atmosfera ter temperaturas tão baixas, 53°C negativos. A água que talvez tenha existido em Marte estaria na forma de gelo, já que para ocorrer na forma líquida é necessário que as temperaturas da atmosfera sejam superiores a 0°C.

A RECICLAGEM DO CO_2 NOS PLANETAS TERRA, MARTE E VÊNUS

As sondas espaciais norte-americanas da *National Aeronautics and Space Administration* – NASA –, *Pioneer* para Vênus e *Viking* para Marte, mostraram que é mais importante saber como cada um desses três planetas – Terra, Marte e Vênus – lidou com o seu gás carbônico (CO_2), do que as quantidades contidas nos respectivos planetas (Omont & Bertaux, op. cit.).

A sonda espacial *Pioneer*, ao atravessar a atmosfera do Planeta Vênus, verificou que a maior parte das 700 bilhões de toneladas de CO_2, quantidade praticamente igual nesses três planetas, está na sua atmosfera numa proporção 350 mil vezes maior do que na Terra. Esse CO_2 eleva as temperaturas da sua atmosfera, de tal modo que a água só poderia existir nesse planeta na forma de vapor. A grande pressão exercida pelo CO_2 da atmosfera de Vênus inibe até as atividades vulcânicas associadas à Tectônica de Placas que ocorrem ainda hoje na Terra.

Ao contrário, a sonda *Viking*, ao atravessar a atmosfera do Planeta Marte, mostrou que praticamente todo o seu gás carbônico está retido nas rochas. A falta de gás carbônico na sua atmosfera explica, certamente, o fato de o frio em Marte ser tão grande que certas partes congelam e caem no solo na forma de gelo seco: dióxido de carbono congelado.

Entretanto, como a superfície congelada do Planeta Marte apresenta sulcos muito parecidos com leitos de rios, e como há muitos vulcões extintos, supõe-se que, em alguma época, eles fumegavam e mantinham uma atmosfera mais rica de CO_2. Portanto, estima-se que deve ter havido em Marte, em algum momento, um clima parecido com o nosso, com chuvas e cursos d'água e, talvez, formas de vida como as nossas.

Assim, verifica-se que, tão ou mais importante do que as quantidades de CO_2 como um dos gases do efeito estufa na Terra, são outros gases, tais como o CH_4, que se transforma em CO_2. Esse gás é gerado, principalmente, nos países não industrializados ou do Terceiro Mundo, onde ainda se registra o afogamento de grandes massas de vegetais ou queimadas, desenvolvimento de agricultura irrigada com o afogamento das culturas ou com uso muito extensivo de fertilizantes orgânicos, e com grandes rebanhos.

Vale ressaltar que o oxigênio livre na atmosfera da Terra só surgiu mais tarde, à proporção que apareceu no planeta um mecanismo capaz de produzi-lo. O único processo que se conhece até agora é a vida. Registros paleontológicos indicam que ela surgiu na Terra há pouco mais de 3,5 bilhões de anos. Desde então, a vida na Terra inala e exala cerca de 100 bilhões toneladas/ano de gás carbônico (CO_2). Assim, a cada sete anos a vida promove uma reciclagem da ordem de 100 bilhões/ano do gás carbônico na Terra.

Por sua vez, os processos geológicos são também poderosos mecanismos de reciclagem do CO_2 da atmosfera da Terra. Nesse quadro, o CO_2 é, fundamentalmente, a base da formação dos calcários, que são as rochas compostas de carbonato de cálcio ($CaCO_3$).

Os depósitos de calcário – tanto químico quanto orgânico – podem afundar na crosta da Terra, de onde são relançados à atmosfera terrestre pelos vulcões associados à "Tectônica de Placas". Dessa forma, a maior parte do CO_2 da atmosfera da Terra pode ser reciclado pelos seus organismos vivos e pelos processos geológicos associados ao enorme laço que liga vulcões à formação das rochas e sua erosão, às bactérias dos solos, às algas marinhas, aos sedimentos carbonatos e novamente aos vulcões (Rebouças, 2002a).

Nesse quadro, portanto, o gigantesco processo que liga a litosfera – meio dito abiótico – à biosfera ou à vida – meio dito biótico – contribui para a regulação das quantidades de gás carbônico na atmosfera da Terra. Assim, a vida animal e vegetal, que surgiu na Terra há bilhões de anos, modela e muda o ambiente ao qual se adapta mediante interações cíclicas constantes. Pode-se dizer que, se a água tem uma importância vital, a vida na Terra teve um papel não menos importante para que ela exista no estado líquido, pelo menos, em tão grande abundância.

Nesse processo, se os mecanismos geológicos de circulação das massas e os organismos vivos da Terra começarem a inalar gás carbônico um pouco mais do que exalam, quantidade progressivamente maior ficaria retida na biosfera da Terra, e isso engendraria um resfriamento da sua atmosfera. Porém, se ocorresse o contrário, os processos geológicos e a vida na Terra colaborariam para o progressivo aquecimento da sua atmosfera, ou o efeito estufa.

O conhecimento dessa capacidade de reciclagem do CO_2 da Terra pelos processos geológicos e biológicos permite que se seja mais otimista em relação aos quadros catastróficos do aquecimento global da sua atmosfera e das mudanças climáticas globais tão temidas e anunciadas. Somado a isso, o uso inteligente da água disponível é uma garantia para sua abundância na Terra.

SEGUNDA PARTE

3. ÁGUA NA TERRA

A Terra é o único corpo do Universo, até agora conhecido, onde a água ocorre simultaneamente nos três estados físicos fundamentais: sólido ou gelo, líquido e gasoso ou vapor, dependendo da pressão e da temperatura na sua atmosfera. Regra geral, o calor da atmosfera transforma as águas líquidas da Terra em vapor, sejam dos oceanos, açudes grandes e pequenos, pantanais ou espalhadas no solo pelos métodos de irrigação, sejam aquelas situadas a profundidades inferiores a um metro no subsolo.

Evaporação é o nome que se dá ao processo de transformação de uma substância do estado líquido ao gasoso. Quanto maior é a superfície onde incide o calor emanado pelo Sol, tal como a dos oceanos ou a dos açudes, mais intenso é o processo de evaporação. Quanto mais forte é o vento que varre o vapor assim formado, mais intenso e importante será o processo de transformação da água líquida por evaporação.

O vapor de água que é gerado pela energia solar nos oceanos, rios, lagos, lagoas, pantanais e em outros corpos de água ditos superficiais, sobe progressivamente à atmosfera, onde esfria e forma grandes massas de água, as nuvens. Essas massas de água assim formadas, ao serem atraídas pela força da gravidade da Terra, voltam a cair nos oceanos e nos continentes, sob a forma de chuva, neblina e neve.

A relação dos teores isotópicos do oxigênio da água evaporada ou residual – O_{18} mais pesado e O_{16} mais leve e, consequentemente, mais facilmente levado na forma de vapor – constitui uma boa indicação da intensidade dos processos de evaporação responsável pelo aumento dos teores de Sólidos Totais Dissolvidos (STD) dos corpos de água freática e dos açudes, por exemplo (Santiago et al, 1986). Vale destacar que se fala de forma mais correta em STD tendo em vista que muitos dos sólidos dissolvidos na água não são, necessariamente, sais.

As raízes dos vegetais retiram água do solo ou subsolo, a qual infiltra durante os períodos de chuvas na bacia hidrográfica em apreço e perdem-na por evaporação através das suas folhas. A experiência mostra que esse processo não provoca o fracionamento isotópico característico do mecanismo de evaporação e denomina-se transpiração. Entretanto, alguns vegetais apresentam estruturas especiais ou formam ceras nas suas folhas, tal como na palha da carnaúba. Assim, durante os anos de seca, a produção de cera da carnaúba é relativamente maior, uma vez que a planta desenvolve mais cera nas suas palhas como forma de se proteger dos processos de grandes perdas de água por transpiração. A água pode passar diretamente do estado sólido ao de vapor, sendo o processo chamado de sublimação.

O ciclo hidrológico numa bacia hidrográfica qualquer pode ser expresso de forma simples, pela equação seguinte: P= Etp+R+ I.

"P" é a quantidade de chuva, neblina ou neve, que cai da atmosfera na bacia hidrográfica em questão, expressa em mm/ano; "Etp" é a quantidade de água que volta à atmosfera na forma de vapor, pelos processos de evaporação e transpiração, expressa em mm/ano; "R" é a quantidade de água que escoa pela superfície dos terrenos, e pode desaguar e fluir nos rios que formam a bacia hidrográfica em questão, sendo expressa em mm/ano; e "I" é a quantidade total de água que infiltra no solo ou subsolo, flui invisível no meio subterrâneo e deságua nos rios que formam o sistema hidrográfico em questão, durante o período sem chuvas ou constituindo sua descarga de base, e sendo expressa em mm/ano (fig. 3).

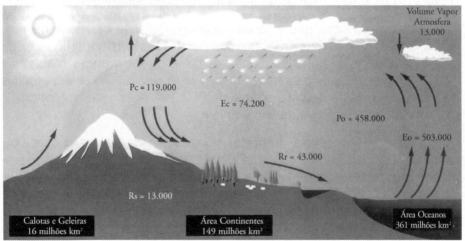

Fig. 3
O ciclo hidrológico na Terra – km³/ano (1km³ = 1 bilhão m³).
Po = precipitação nos oceanos, Eo = evaporação dos oceanos, Pc = precipitação nos continentes, Ec. = evaporação dos continentes, Rr = descarga total dos rios, Rs = contribuição dos fluxos subterrâneos às descargas totais dos rios.
(Adapt. de Shiklomanov, in UNESCO/PHI, 1998).

Assim, quando se tem um rio que nunca seca, a sua descarga de base é igual à taxa de infiltração da água nos terrenos da bacia hidrográfica em questão, ou seja, a contribuição dos fluxos subterrâneos é suficiente para abastecê-lo durante o período de estiagem ou sem chuvas na respectiva bacia hidrográfica. Caso contrário, o rio tem regime de fluxo temporário, ou seja, seca durante o período sem chuvas. Isso significa que, durante os períodos anteriores de chuvas, não ocorreu infiltração natural de água suficiente para abastecer o fluxo de base dos rios que formam a bacia hidrográfica em questão.

ÁGUA NO SUBSOLO

As quantidades de águas subterrâneas estocadas no subsolo da região dependem da porosidade do material rochoso, cuja dimensão é da ordem de milímetros ou micrométrica, sejam os poros ou espaços vazios das rochas formadas por um grande número de grãos, também chamadas de granulares, sejam as fraturas ou fissuras das rochas duras ou compactas.

Nesse quadro, um poço é como um grande vazio artificialmente construído para interligar um grande número de poros ou fissuras das rochas. Dessa forma, o desequilíbrio da pressão hidrostática que é provocado pelo bombeamento, engendra a entrada do fluxo de água para dentro do poço. Quando alguém fala em veio ou veia de água, lembra a velha ideia de James Hutton (Theory of the Earth, 1788), médico escocês que achava que a água subterrânea circulava na Terra como o sangue no corpo de um animal. Ao referir-se à ação dos processos geológicos, escreveu: "O resultado, portanto, de nossas investigações é que não encontramos nenhum vestígio de um começo, nenhuma perspectiva do fim". Essa frase consolidou a ideia de que o passado geológico é incalculavelmente longo e o futuro geológico não tem fim. Também foi outro escocês, Sir Charles Lyell (1797-1875), que popularizou a geologia em 14 edições do *Principles of Geology*, e o princípio "O presente é a chave do passado".

Sabe-se, hoje, que a força motriz do fluxo das águas subterrâneas através dos espaços vazios e fissuras dos materiais rochosos da bacia hidrográfica em questão é o seu gradiente hidráulico – variação da cota do nível da água em relação ao nível médio do oceano, por unidade de percurso ou trajeto – indo alimentar as descargas de base dos rios, as fontes ou nascentes – saídas naturais – e as vazões dos poços – saídas artificiais.

Dessa forma, tanto a água superficial quanto a subterrânea sempre flui dos pontos mais elevados do relevo para suas depressões, sob a ação da gravidade. Assim, a água não sobe morros, salvo quando se tem dinheiro para pagar a conta da energia elétrica que é consumida para seu bombeamento ou recalque.

Portanto, a extração das águas subterrâneas de uma bacia hidrográfica qualquer por meio de poços, desvia os fluxos que naturalmente iriam alimentar as fontes ou nascentes, descarregar nos açudes, pantanais ou constituir as descargas de base dos rios. A extração desordenada da água subterrânea numa bacia hidrográfica poderá engendrar sérias reduções nas descargas de base dos seus rios, interferir nos níveis mínimos dos seus pantanais ou dos seus açudes, secar suas fontes e provocar recalques ou afundamentos da superfície dos terrenos.

ÁGUA É VIDA, VIDA É ÁGUA NA TERRA

Os dados geológicos disponíveis indicam que a quantidade total de água da Terra permaneceu praticamente constante durante os últimos milhões de anos. Porém, os volumes estocados em cada um dos grandes reservatórios de água da Terra – oceanos, calotas polares, geleiras, águas subterrâneas, – podem ter variado durante esse tempo, em níveis nunca imaginados.

Assim, durante a última idade do gelo na Terra, que se desenvolveu entre 100.000 e 10.000 anos a.C., houve uma transferência de cerca de 47 milhões de km^3 de água dos oceanos para os continentes (Bloom,1971). Essa transferência engendrou um abaixamento progressivo dos níveis de água dos oceanos, conforme documentam os anfiteatros de erosão que foram esculpidos nos terrenos Terciários do Grupo Barreiras, no Brasil, que vai do Amapá ao Espírito Santo, ao longo da costa.

Assim, a energia solar que atinge a Terra transforma a água em vapor, que sobe à atmosfera e esfria, formando as nuvens, a água líquida dos oceanos, rios, lagos, pantanais e que escoa pelos rios (*blue water flow*), a umidade dos solos que dá suporte ao desenvolvimento da exuberante cobertura vegetal (*green water flow*), e as águas subterrâneas (*gray water flow*) rasas. Por sua vez, as nuvens são atraídas pela gravidade da Terra, voltam a cair nos continentes e nos oceanos na forma de chuvas, neblinas e neves, donde são novamente evaporadas, fechando o infindável ciclo hidrológico, conforme mostrado na fig. 3.

A partir da Conferência Rio-92, a lógica do desenvolvimento sustentável implica um compromisso com os três *Es* – Ética, Ecologia e Economia. Isso significa uma mudança radical dos processos e métodos que privilegiam a lógica das grandes obras, das empreiteiras, das corporações técnicas e dos políticos que sempre sobreviveram manipulando a estratégia da escassez de água nas cidades, ou industrializando o mito das secas. Todavia, o tempo decorrido para que essa mudança ocorra é ainda muito curto, de tal forma que a boca continua torta pelo uso prolongado do cachimbo (Rebouças, 2002c).

O desenvolvimento sustentável já não se faz com a utilização dos abundantes recursos naturais e mão de obra barata nos países do Terceiro Mundo, ou com o aumento da oferta de água, como capital, mas buscando uma produtividade cada vez maior dos investimentos realizados. Nesse quadro, ênfase especial vem sendo dada, na última década, ao uso cada vez mais eficiente da água nos países desenvolvidos, como um importante fator competitivo do mercado global.

Há cerca de 2,7 bilhões de anos, pelo menos, os processos fotossintéticos fazem com que as plantas verdes misturem água e sais minerais (vindos de baixo) com luz solar e dióxido de carbono (vindos de cima), estabelecendo as interações entre a litosfera/hidrosfera da Terra e sua atmosfera. Os relâmpagos transformam o nitrogênio da atmosfera no fertilizante primordial, indispensável ao desenvolvimento da biomassa na Terra. Dessa forma, os processos fotossintéticos das plantas verdes convertem luz solar em energia química na forma de carboidratos, os quais são a base da alimentação dos organismos superiores, inclusive do ser humano (Rebouças, 2002a).

Com a proliferação da vida fotossintética na Terra, grande volume de oxigênio foi sendo liberado na sua atmosfera original, o qual se combinou com o hidrogênio que era lançado pelos vulcões associados à Tectônica de Placas, formando mais vapor de água. A retirada progressiva do CO_2 da atmosfera da Terra pelos processos geológicos e biológicos, associados à Tectônica de Placas, bem como o enriquecimento progressivo da sua atmosfera em vapor d'água, engendrou o abaixamento das temperaturas, possibilitando a formação de amplas coberturas de gelo, cujos traços mais antigos gerados pelo seu arrasto sobre as rochas da Terra datam de mais de 2 bilhões de anos (Rebouças, op.cit.). Assim, os ciclos de renovação das massas geológicas e das águas na Terra são permanentes e não podem ser omitidos nos processos de gerenciamento inteligente dos recursos naturais e das águas. Na visão holística atual somos levados a considerar que, sem água, não haveria vida na Terra, da mesma forma que, sem vida, a água não ocorreria na forma líquida em tão grande abundância.

Entretanto, água no estado líquido só ocorre numa faixa estreita de temperaturas e pressões não muito baixas, tal como ocorre no Planeta Terra. Como já foi dito, fora dessas condições a água só ocorre no cosmo na forma de vapor ou de gelo. Portanto, os estudos cosmogênicos indicam que a presença de água e de condições de vida semelhantes às nossas no Universo ainda são muito remotas. Dessa forma, torna-se necessário realizar um uso cada dia mais inteligente da água disponível na Terra, uma vez que as chances de uma vida extraterrena são ainda perspectivas muito remotas.

DEPURAÇÃO NATURAL DA ÁGUA NA TERRA

Tanto os corpos de água da superfície da Terra quanto os subterrâneos têm uma capacidade natural de depuração, de tal forma que a qualidade das suas águas pode se tornar adequada novamente ao consumo depois de um período ou distância de trânsito nos rios, no ambiente ou nos aquíferos. Esses mecanismos de depuração natural nos corpos d'água superficiais ou subterrâneos são a base dos processos de reúso da água, uma vez que os métodos de tratamento disponíveis, atualmente, logo atingem preços proibitivos ou se mostram limitados.

Num ambiente aberto como os rios, os processos dominantes de depuração são a diluição e a qualidade é, geralmente, expressa em termos de demanda bioquímica de oxigênio (DBO). Nos aquíferos, no entanto, os mecanismos dominantes de depuração natural da água são a filtração e as reações biogeoquímicas do subsolo não saturado, sob o qual ela ocorre (fig. 4).

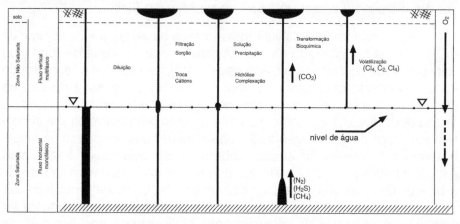

Fig. 4
Processos naturais de depuração das águas subterrâneas (Adapt. de Golwer, 1983).

No Brasil, esses processos de depuração natural das águas – superficiais e subterrâneas – deverão ser especialmente intensos, haja vista as temperaturas serem elevadas durante todo o ano e chover muito.

Além disso, porquanto as velocidades dos fluxos das águas nos rios são da ordem de km/dia, o lixo que é carreado pelas enxurradas ou os esgotos domésticos e os efluentes industriais que são despejados sem tratamento prévio nos cursos d'água, logo ficam fora da vista do poluidor e, portanto, da sua preocupação. Por sua vez, os cursos d'água são sistemas abertos onde os processos naturais de depuração são, essencialmente, de diluição e transporte. Quanto ao monitoramento, tanto da sua quantidade quanto da qualidade, é relativamente simples e feito em tempo real.

Ao contrário, nos aquíferos, as velocidades de circulação da água são da ordem do cm/dia e ocorrem escondidas no subsolo. Assim, os problemas de contaminação da água subterrânea são mais lentos, exigindo, além disso, a perfuração de poços de monitoramento – quantidade/qualidade – cujas amostragens são mais complexas e mais caras do que monitorar as águas de um rio.

Os poços mal construídos podem se transformar em verdadeiros focos de contaminação das águas subterrâneas que ocorrem na zona saturada do subsolo, à medida que a poluição desce goela a baixo. Assim, torna-se de fundamental importância distinguir um buraco de onde se extrai água de um poço bem construído, da mesma forma que já se diferencia uma facada de uma incisão cirúrgica.

Lamentavelmente, a grande maioria dos poços no Brasil é perfurada, operada e abandonada sem controle – federal, estadual ou municipal. São mais propriamente buracos de onde se extrai água, cujas vazões obtidas são como que prêmios de loteria.

Um poço bem construído deverá atender especificações técnicas de engenharia geológica, hidráulica e sanitária. As especificações de engenharia geológica indicam os métodos construtivos que serão empregados, as rotinas de amostragem dos materiais atravessados, necessidade de perfil geofísico para bem se definir a sucessão de aquíferos mais promissores e suas características de porosidade ou de permeabilidade. As especificações de engenharia hidráulica indicam, fundamentalmente, as características técnicas dos filtros, isto é, aquelas que melhor proporcionam a extração de água subterrânea pelo respectivo poço com as menores perdas de carga possíveis. E as especificações de engenharia sanitária indicam a necessidade imperiosa de construção de selo sanitário para proteção da qualidade da água que será extraída. Essas especificações já estão disponíveis na forma de resoluções da Associação Brasileira de Normas Técnicas – ABNT –, tanto no nível de projeto, quanto no de construção de poços.

Tendo em vista as formas desordenadas de ocupação do solo, e que 64% das nossas empresas de abastecimento de água não coletam sequer os esgotos domésticos que geram, o consumo humano das águas subterrâneas do freático – *frea*, do grego, significa raso – nas cidades do Brasil, deveria ser considerado uma temeridade, em termos de saúde pública.

A análise deverá evoluir no poço ao sistema de fluxos de águas subterrâneas que foi captado, verificando-se que os poços rasos ou freáticos captam mais propriamente o sistema de fluxos locais, enquanto os poços profundos extraem águas que circulam mais propriamente em sistemas de fluxos intermediário ou regional (fig. 5). Dessa forma, os tempos de trânsito são, regra geral, muito longos, e as áreas deprimidas do relevo numa determinada bacia hidrográfica são, naturalmente, zonas de descarga dos fluxos subterrâneos intermediários e regionais.

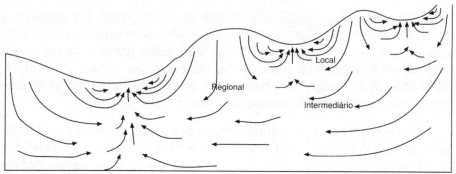

Fig. 5
Sistemas de fluxos subterrâneos (Töth, 1963).

O CIDADÃO E A ÁGUA

As conclusões a que chegou o grupo de trabalho "On Financing Global Water Infraestructure" no 3º Fórum Mundial da Água, Kioto, Japão, 16-23 de março de 2003, foram de que a necessidade de investimento para fornecer respostas às questões cruciais, como redução à metade, até 2015, do total de pessoas no mundo sem acesso, atualmente, à água potável (1,4 bilhão de seres humanos) ou de universalização dos serviços de água e esgoto (2,3 bilhões de pessoas), varia entre 80 e 180 bilhões de dólares, numa expectativa que fossem definidos mecanismos concretos de financiamento de políticas públicas e de ações da sociedade civil.

Quando se considera que a soma de investimentos do setor bélico é da ordem de 1 trilhão dólares, a soma necessária ao setor de saneamento básico no mundo não parece ser tão grande, na medida em que varia entre 8% e 18% desse total.

Na última década do século passado, notadamente, a partir da 2ª Conferência Mundial das Nações Unidas ou a Rio-92, o conceito de "desenvolvimento sustentável" foi consagrado por todos os presentes: primeiro setor ou governos, segundo setor ou empresas e terceiro setor ou sociedade civil organizada. A partir de então, acredita-se que a humanidade pode construir um futuro mais próspero, mais justo e mais seguro.

Dessa forma, o "desenvolvimento sustentável" não é uma previsão de decadência, pobreza e dificuldades ambientais cada vez maiores num mundo cada vez mais poluído e com recursos cada vez menores. Vemos, ao contrário, a possibilidade de uma nova era de crescimento econômico, que tem de se apoiar em práticas que conservem e expandam a base dos recursos ambientais. Acredita-se que o crescimento sustentável é absolutamente essencial para mitigar a grande pobreza que se vem intensificando na maior parte do mundo, tanto nos países ditos desenvolvidos quanto naqueles ditos em desenvolvimento.

O julgamento da qualidade da água para beber evoluiu do seu aspecto físico agradável para uma característica bacteriológica e, finalmente, química, onde teores ao nível de partes por bilhão (ppb) ou partes por trilhão (ppt) de alguns componentes passam a ser cada vez mais importantes para definição da potabilidade da água (fig. 6).

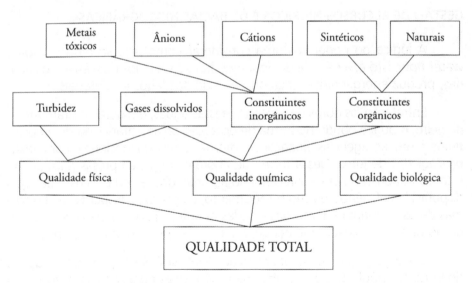

Fig. 6
A árvore da qualidade total da água (Adaptado de Engelen, 1981).

INÉRCIA POLÍTICA TRADICIONAL

Na última década do século passado, a importância das nações passou a ser medida pela sua capacidade de usar de forma inteligente a gota d'água disponível, isto é, obter cada vez mais usufrutos – produção, bem-estar, qualidade ambiental e de vida – com cada vez menos água.

A inércia política tradicional para legislar sobre águas no Brasil, desde o Primeiro Reinado (1822-1831), é fruto, certamente, da ideia de abundância de água no território nacional. Basta considerar que o primeiro Código de Águas do Brasil foi elaborado como regra do direito próprio das regiões úmidas, e só foi apresentado como projeto de Lei em 1906 e promulgado em 10 de julho de 1934, ou seja, 28 anos depois. Além disso, embora o Código de Águas de 1934 seja composto dos Livros I, II e III, apenas o Livro III, que trata da produção de energia hidrelétrica, foi regulamentado (Pompeu, 2002). Embora previsto na Constituição de 1988, o Sistema Nacional de Gerenciamento dos Recursos Hídricos só foi criado nove anos depois, pela Lei Federal n° 9.433/97.

Vale destacar, nesse particular, o princípio da gestão descentralizada e participativa das nossas águas e o fato de que todos os corpos d'água, a partir de outubro de 1988, passaram a ser de domínio público. Entende-se, portanto, que o cidadão já não pode usar a água como um bem privado, previsto em alguns casos no Código de Águas de 1934.

GESTÃO DE RECURSOS HÍDRICOS E DE BACIAS HIDROGRÁFICAS

A lógica do poder costuma considerar como recurso hídrico o *blue water flow*, isto é, a parcela de água que flui visível pelos rios, enche os açudes, produz energia hidrelétrica ou deságua nos lagos e pantanais.

Entretanto, as obras de captação dessas águas, em geral, custam muito dinheiro, o qual é obtido na forma de dotações orçamentárias ou de empréstimos junto às agências financeiras internacionais ou nacionais com taxas privilegiadas de juros. Nessa forma de abordagem, as empresas públicas ou estatais de abastecimento parecem não ter preocupação com o custo da água disponível, a eficiência do seu fornecimento, os grandes desperdícios das formas de uso múltiplo – tanto nas cidades quanto na agricultura, – e a degradação da sua qualidade que atinge, atualmente, níveis nunca imaginados.

Como já foi dito, a Constituição de 1988 estabelece que todas as águas do Brasil são públicas e de domínio da União, se as obras de captação forem por esta construídas, ou os rios servirem de fronteira entre Unidades da Federação ou entre países vizinhos, deles provierem ou para eles se dirigirem.

Por sua vez, são consideradas de domínio público das Unidades da Federação as águas dos rios que nascem e desaguam nos respectivos territórios e as águas subterrâneas. Portanto, o grande desafio no Brasil não é de legislação, mas de sua prática, do princípio da descentralização e ação participativa dos comitês de bacia hidrográfica, os quais deverão ser formados em cada unidade de gerenciamento de recursos hídricos, por representantes dos governos, usuários e sociedade civil organizada.

Em outras palavras, a conceituação do Sistema Nacional de Gerenciamento dos Recursos Hídricos é muito boa, mas teórica, e implica mudanças de hábitos. Nesse particular, o "apagão" ou racionamento de energia elétrica, verificado em 2001, serviu para mostrar que a mudança de hábitos da sociedade em geral é uma alternativa perfeitamente viável.

CRITÉRIOS DE GESTÃO INTEGRADA DAS ÁGUAS

A grande novidade neste caso é fazer a gestão integrada da água numa bacia hidrográfica, quer seja aquela que escoa visível pelos rios; a água que infiltra nos terrenos e dá suporte ao desenvolvimento da sua cobertura vegetal natural ou cultivada; as águas que infiltram e circulam pelo subsolo da bacia hidrográfica em apreço e que vão desaguar nos rios durante os períodos sem chuvas, alimentando as suas descargas de base; as águas de chuva captadas pelas cisternas e reúso das águas nas cidades, na indústrias e na agricultura. Além disso, é preciso acabar com a ideia de que todas as bacias hidrográficas podem ser regidas por uma legislação única que, por natureza, não dá conta da complexidade de cada sistema em particular.

A proporção de habitantes das nossas cidades que se beneficia do fornecimento de água potável diminui a cada dia. Mesmo assim, tolera-se que reservatórios como o do Guarapiranga, na Região Metropolitana da Grande São Paulo, torne-se referência internacional em desastre ecológico, sendo transformado em modelo do que não se pode fazer com um manancial localizado em região urbana e, por isso mesmo, seja peça-chave na definição das políticas públicas para o setor.

Falta, certamente, desbloquear as discussões dogmáticas e ideológicas, pois as condições sanitárias nas nossas cidades são das mais vexatórias e quadro de um dos maiores dramas do Brasil. Não obstante, esse drama não tem merecido o devido tratamento prioritário, seja do Executivo, Legislativo ou do Judiciário, nem dos partidos políticos.

Resulta, assim, que o arcabouço legal e institucional vigente no Brasil representa um grande desafio à ideia tradicional que é considerar como única solução dos problemas de abastecimento o aumento da oferta de água.

Verifica-se uma rápida adesão das empresas aos princípios de cobrança pelo uso da água ou de sua reciclagem e reúso. Deve-se levar em conta que essa opção significa uma perspectiva de duplo benefício econômico à empresa. Primeiro, verifica-se que a opção da empresa por um uso mais racional da água disponível acaba por significar mais água para o processo produtivo. Em segundo lugar, tem-se o benefício econômico da boa imagem no mercado, aspecto muito importante às empresas cuja produção se destina, fundamentalmente, ao mercado internacional, onde essa opção é considerada politicamente a mais correta em termos de desenvolvimento sustentável.

Nos países desenvolvidos é crescente o número de exemplos positivos de que o uso eficiente da água em geral, subterrânea ou de reciclagem, são as alternativas mais baratas. No entanto, na lógica das empreiteiras e das corporações técnicas, nem sempre se considera os progressos técnicos da perfuração de poços, as crescentes performances das bombas e a expansão de energia elétrica que ocorreram no mundo a partir da década de 1970. A experiência tem mostrado que já não existe, atualmente, aquífero confinado ou profundo inacessível, tanto para produção, quanto para monitoramento ou injeção de água de enchentes dos rios ou de reúso, pelo método *Aquifer Storage Recovery* – ASR ou similar (Detay, 1997, Pyne, 1995). Assim, é de fundamental importância que o setor de perfuração de poços pense nas diferentes funções que poderão ser desempenhadas pelos aquíferos – produção ou de reator biogeoquímico, – numa abordagem de gestão integrada, e procure construir obras de melhor qualidade.

A SUBSTITUIÇÃO DE FONTES

O conceito de substituição de fontes é a alternativa mais plausível para satisfazer demandas de água em circunstâncias em que estas não são muito abundantes. Segundo esse conceito, torna-se viável a utilização da água que é produzida por poços pouco controlados ou nem sempre bem construídos e localizados em áreas urbanas, para lavagem de carros, irrigação de gramados públicos ou privados, lavagem de ruas e reúso de água nas indústrias e cultivos diversos, por exemplo. Ao mesmo tempo, as águas tratadas, cloradas e fluoradas ou águas subterrâneas captadas por meio de poços bem construídos, deveriam ser reservadas aos usos mais nobres, como o abastecimento do consumo humano. Em outras palavras, a água mais pura é reservada para o consumo mais nobre, tal como o humano, enquanto se utiliza para dar descarga sanitária, lavar pátios e carros, utilização em torres de resfriamento das indústrias e irrigação em geral, água de qualidade menos nobre.

É assim que se procede, em geral, nos países relativamente ricos, onde dinheiro é para ganhar mais dinheiro. Nessas localidades, dar descarga sanitária, irrigar gramados públicos ou privados, lavar pátios ou carros, por exemplo, com água tratada, cloretada e fluoretada é vista pela sociedade em geral, empresas e até pelos governos, como práticas pouco recomendadas, tanto em termos econômicos quanto ambientais.

Esse conceito foi formulado pelo Conselho Econômico e Social das Nações Unidas (NU,1985), segundo o qual, "a não ser que exista grande disponibilidade, nenhuma água de boa qualidade deve ser utilizada para usos que toleram águas de qualidade inferior".

Por sua vez, o uso de tecnologias apropriadas para o desenvolvimento dessas fontes de abastecimento se constitui hoje, em conjunção com a melhoria da eficiência do uso e controle da demanda, na estratégia básica à solução do problema da falta universal de água.

O reúso de água para beber não é recomendável pela Organização Mundial de Saúde, tendo em vista os custos muito elevados do seu tratamento.

Assim, a possibilidade de utilização das águas subterrâneas para abastecimento do consumo humano precisa ser reconsiderada no Brasil. O fato de se ter um poço ou poços poluídos não significa, necessariamente, que o aquífero em apreço esteja inteiramente degradado. A análise deverá evoluir do poço individual para o de sistemas de fluxos subterrâneos e deve-se atentar, ainda, que graças aos progressos alcançados, a partir da década de 1970, pela tecnologia de perfuração de poços, as crescentes performances das bombas e a expansão da oferta de energia elétrica, já não há, hoje, aquífero confinado ou profundo, inacessível.

4. AS ESTATÍSTICAS ENGANADORAS

Primeiro, associa-se a "crise da água" no mundo ao paroxismo desanimador das profecias malthusianas que, em 1798, anunciavam a falta de alimentos no mundo para manutenção da sua população ainda durante o século XIX, a menos que as pessoas decidissem limitar o número de filhos no Terceiro Mundo, principalmente. Thomas Robert Malthus (1766-1834) não poderia, certamente, prever os efeitos da Revolução Verde, do desenvolvimento da biotecnologia na produção agrícola no mundo, da preocupação com a crescente produtividade agrícola, da queda de natalidade no mundo em geral e do desenvolvimento da medicina que faz cair as taxas de mortalidade da população humana.

Em segundo lugar, escuta-se com frequência que, da quantidade total de água da Terra – da ordem de 1.386 milhões km^3 –, 97,5% se encontram formando os oceanos de água salgada (PHI/UNESCO, 2003), restando apenas 2,5% de água-doce (fig.7). Além disso, costuma-se evidenciar que essa água-doce ocorre na Terra de forma muito mal distribuída, seja porque as precipitações atmosféricas – chuva, neblina e neve, principalmente – caem de forma muito irregular, ou porque vive muita gente hoje onde se tem pouca água.

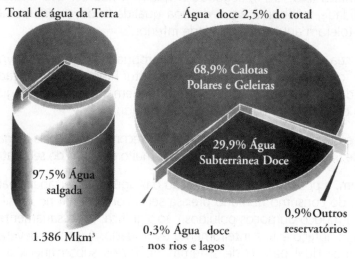

Fig. 7
Quantidades de água nos principais reservatórios da Terra (Rebouças, 2002a).

Entretanto, em cerca de ⅓ dos países membro das Nações Unidas a escassez de água é um problema milenar e nos quais, com exceção do Estado de Israel, nada de exemplar existe em termos de uso eficiente da gota d'água disponível. Ao contrário, parece que se sentem confortáveis com a escassez de água, não havendo qualquer preocupação quanto aos grandes desperdícios nas cidades ou na agricultura, tanto em termos de métodos de irrigação, quanto de tipos das culturas impostas pelo mercado global.

Por outro lado, ressalta-se com frequência que, dos 2,5% de água-doce da Terra (34,6 milhões de km^3), 68,9% – 23,8 milhões km^3 – formam as calotas polares e geleiras, as quais estão distantes dos centros consumidores e, portanto, inacessíveis; 29,9% – 10,3 milhões km^3 – constituem as reservas de águas subterrâneas que participam mais diretamente do gigantesco processo de renovação das águas da Terra.

Porém, as descargas de base dos rios, isto é, aquelas que ocorrem durante o tempo sem precipitações – chuva, neblina e neve, principalmente – na referida bacia hidrográfica correspondem às taxas de infiltração. Dessa forma, a utilização desordenada das águas subterrâneas poderá desviar fluxos que de outra forma iriam alimentar as descargas de base dos rios e regularizar os níveis mínimos dos açudes e pantanais, por exemplo. Chega-se a dizer que apenas 1% da água-doce da Terra é o recurso aproveitável pela humanidade.

ÁGUA – MERCADORIA COM VALOR DE MERCADO

Conforme já exposto anteriormente, a Constituição do Brasil de 1988 modificou, em vários aspectos, o texto da Lei de Direito de Água, o Código de Águas de 10 de julho de 1934. Uma das alterações feitas foi à extinção do domínio privado da água, previsto em alguns casos naquele diploma legal. A partir de então, todos os corpos d'água no Brasil passaram a ser de domínio público. Entretanto, ultimamente, a gestão da gota d'água disponível deverá ser economicamente viável, ambientalmente sustentável e socialmente justa. Dessa forma, a água já não pode ser usada livremente por cada indivíduo, como um bem privado.

Refletindo sobre a realidade acima exposta, creio que é chegada a hora de a sociedade brasileira atuar de forma efetiva e coordenada no sentido de definir políticas públicas para o setor de recursos hídricos no Brasil, se realmente a intenção for encontrar soluções aos problemas engendrados pelo uso pouco eficiente da água, tanto nas cidades quanto na agricultura.

REGIÕES DE DÉFICIT E EXCEDENTE HÍDRICO

Desde os tempos primitivos, verifica-se que o ser humano dispõe de regras diferentes, concernentes ao uso da água em regiões úmidas ou de excedente hídrico e regiões secas ou de déficit hídrico. Verifica-se, no entanto, tanto num caso quanto no outro, que o colapso da agricultura levou povos primitivos e até civilizações a desaparecerem, como o povo sumério que ocupava a baixa Mesopotâmia dos rios Tigre e Eufrates, devido à salinização dos solos, principalmente.

Em 312 a.C., os romanos iniciaram a construção dos seus famosos aquedutos, canais e reservatórios em todo o império, para buscar água cada vez mais distante e abastecer cidades e perímetros de irrigação. Converteram regiões costeiras do norte da África em civilizações prósperas. Entretanto, depois que os romanos saíram dessas regiões, seus projetos de aproveitamento da água foram abandonados.

Hoje, muitas dessas regiões estão convertidas em desertos e seus países ou territórios são os mais pobres de água do mundo, sem que se registre progresso nas formas de uso, tanto doméstico, quanto na agricultura.

Em termos de descargas médias de longo período nos seus rios repartidas pelas respectivas populações, são de menos de 500 m³/ano *per capita*, tais como: Kuwait, Faixa de Gaza, Emirados Árabes Unidos, Bahamas, Catar, Maldivas, Líbia, Arábia Saudita, Malta, Singapura, Iêmen, Israel, Jordânia, Tunísia, Argélia. Ao contrário, os países ou territórios mais ricos de água--doce nos seus rios, ou com mais de 100.000 m³/ano *per capita* são: Guiana Francesa, Islândia, Guiana, Suriname, Congo, Papua-Nova Guiné, Gabão (UNESCO, 2003).

Embora o território americano situado na margem direita do rio Mississípi seja um contexto árido com um coração desértico, ali se tem a maior economia de todos os tempos. Entretanto, nos países ou territórios mais ricos de água-doce do mundo não está a população mais rica.

Assim, a progressiva deterioração da qualidade das águas vem, ultimamente, aproximando o conteúdo do direito vigente nos diversos países, em especial no que concerne ao direito universal de acesso à água limpa de beber por cada indivíduo. Mas a história do direito mostra que o jurista confundiu por muito tempo o direito de propriedade, como definido no Direito Civil Romano, com o direito de uso e ocupação do meio físico na cidade ou no campo, da água superficial ou subterrânea, dos depósitos minerais ou de qualquer outro recurso natural importante ao desenvolvimento da humanidade.

Certamente, quando se bebe água de uma torneira, dificilmente se pode imaginar as competências e as tecnologias que estão por trás de um ato do dia a dia do habitante de uma cidade. Porém, foi necessário assegurar a gestão da água, extraí-la de forma adequada de poços que foram construídos atendendo a especificações técnicas de engenharia geológica, hidráulica e sanitária, captá-la de rios e outros corpos hídricos superficiais, tratá-la segundo métodos determinados para eliminar as substâncias e os micro-organismos susceptíveis de apresentarem riscos à saúde e injetá-la em centenas de quilômetros de canos que a transportam até a torneira em questão. Por sua vez, torna-se necessário coletar as águas usadas ou esgotos domésticos e tratá-las antes da sua devolução ao ambiente.

Os habitantes de uma região de excedente hídrico, tal como ocorre sobre mais de 90% do território nacional, onde os rios nunca secam, prestam pouca atenção à água, fundamentalmente porque esta parece ser abundante. Ela está sempre presente e, como o ar, é usada livremente, como uma dádiva dos deuses. Ao contrário, nas regiões áridas, desérticas e semiáridas do mundo, a disponibilidade de água para uso sempre resultou da ação direta ou indireta de deuses ou de indivíduos privilegiados –

reis, governantes, mágicos, sacerdotes –, os quais se jactavam de poderes de controlar as tempestades, as secas e até as enchentes dos rios ou simplesmente serem responsáveis pela disponibilidade da água limpa de beber.

Vale lembrar que água elemento vital, água purificadora, água recurso natural renovável, são alguns dos significados referidos em diferentes mitologias, religiões, povos e culturas, em todas as épocas. Assim, o grande desafio atual é de usá-la de forma cada vez mais eficiente.

Porém, nas regiões com déficit hídrico, como no Centro-Oeste dos Estados Unidos (fig. 8) ou Israel, por exemplo, a escassez de água deu oportunidade ao desenvolvimento de técnicas que proporcionam maior economia e gestão integrada da gota d'água disponível.

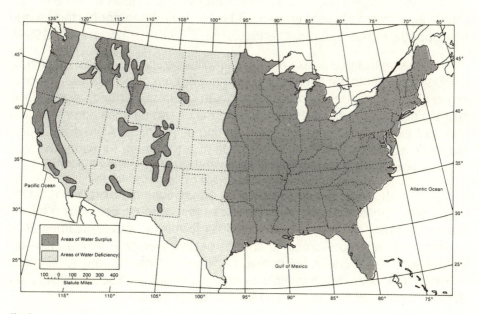

Fig. 8
Regiões com déficit e excedentes de recursos hídricos nos Estados Unidos.

Como decorrência, o crescente número de exemplos positivos, oriundos dos países relativamente mais desenvolvidos, mostra que não faltará água no mundo. Porém, poderá faltar na torneira do indivíduo, à medida que este não tiver dinheiro suficiente para pagar pelos altos índices de perdas totais de água que se verificam, atualmente, tanto nas cidades quanto na agricultura.

OMISSÃO DA NECESSIDADE DE USO CADA VEZ MAIS EFICIENTE

O órgão outorgante de água de domínio da União estabelece como critério para atender a pedidos de outorga de água para irrigação níveis de consumo de um litro ou até dois litros por hectare, conquanto essas demandas não tenham efeitos deletérios sobre os níveis dos reservatórios destinados à produção de energia hidrelétrica. Caso contrário, a lei federal estará proibindo a atividade de irrigação na área em apreço, por exemplo. Essa prática torna-se preocupante, tendo em vista que caracteriza a disposição do órgão outorgante da água de domínio da União de continuar protegendo o setor hidrelétrico e não exige como de fundamental importância que o uso da água seja o mais eficiente possível, qualquer que seja a atividade.

Primeiro, deve-se levar em conta que o agronegócio só remunera, em geral, atividades de irrigação na região Nordeste, quando as taxas de consumo de água ficam situadas entre 5.000 e 10.000 m³/ano por hectare, o que corresponde a taxas que variam entre 0,16 e 0,33 l/s por hectare (BN, 1999).

Isso significa que a taxa de irrigação considerada viável pelo agronegócio é, simplesmente, de apenas um décimo a um terço daquela adotada pelo órgão gestor das águas do domínio da União no Brasil. Portanto, é necessário o órgão gestor levar em consideração a forma de uso da água outorgada, em relação à exigência do mercado, além do tipo de atividade. Além disso, a produção de alimentos deveria ficar acima de qualquer outra forma de uso, por mais tradicional e prestigiosa que fosse a produção de energia hidrelétrica.

Por outro lado, para captação das águas dos rios, os recursos financeiros necessários são cada vez mais escassos, sendo conseguidos mediante a gestão da "política de bastidores" na forma de verbas orçamentárias ou por meio de empréstimos garantidos pelos governos – federal ou estaduais – junto às agências financeiras nacionais ou internacionais, tal como o Banco Nacional de Desenvolvimento Econômico e Social (BNDES) ou Banco Mundial (BM), com taxas privilegiadas de juros.

O prognóstico realizado pelo painel de alto nível "*Financing Global Water Infrastructure*" no 3° Fórum Mundial da Água, Kioto, Japão, 16 a 23 de março de 2003, mostra que a necessidade de financiamento do setor de saneamento básico nos países em desenvolvimento seria de USD 80 bilhões, até 2015, mas que poderá ser de USD 180 bilhões até 2025.

Devido à falta de organização das empresas públicas ou estatais de água, só a empresa privada parece ser confiável para levantar empréstimos junto às agências financiadoras nacionais ou internacionais. Parece que havia expectativa que nessa ocasião fossem definidos os mecanismos concretos de financiamento das políticas públicas e ações da sociedade civil organizada nesse sentido. Mas o 3º Fórum Mundial das Águas foi marcado pelas pressões do Conselho Mundial de Água – agência internacional acusada de representar interesses de corporações – no sentido de forçar os governos a abrirem mercado, serviços e investimentos públicos às empresas europeias privadas de atuação internacional, no saneamento básico.

O prognóstico da "crise de água" – *Water for People, Water for Life* – oferece a visão mais atualizada sobre o estado em que se encontram, nos dias de hoje, os recursos hídricos da Terra e da perspectiva de bons negócios para os que têm dinheiro para ganhar mais dinheiro. Esse prognóstico foi apresentado no Dia Mundial da Água (22 de março) e no 3º Fórum Mundial sobre a Água. O documento representa a mais importante contribuição intelectual para o 3º Fórum Mundial da Água-Doce, coordenado pela UNESCO e pelo Departamento de Assuntos Econômicos e Sociais das Nações Unidas.

Para que esse relatório fosse escrito, todas as organizações e comissões das Nações Unidas que tratam da questão da água trabalharam juntas, pela primeira vez, para monitorar o progresso alcançado na luta para atingir objetivos sempre bem definidos, porém, quase nunca atingidos, sobretudo os relacionados com a água nos campos da saúde, alimentação, ecossistemas, cidades, indústrias, energia, gestão de risco e avaliação econômica.

Segundo o Diretor Geral da UNESCO, de todas as crises sociais e naturais que a humanidade tem enfrentado, a da água é a que mais afeta a sua sobrevivência no Planeta Terra. Além disso, a "crise da água" não admite que nenhum usuário seja excluído, ou seja, ninguém, rico ou pobre, nações desenvolvidas ou em desenvolvimento, pode dizer que o problema não lhe afeta, porque a água é importante em qualquer aspecto da vida.

Todavia, os pobres do mundo continuam a ser os mais afetados, porque lhes faltam recursos financeiros para fazer face aos custos crescentes do acesso à água limpa de beber ou para ter o conforto e a higiene exigida pela vida moderna. Entretanto, um indivíduo num país desenvolvido usa de 30 a 50 vezes mais água do que aquele em um país em desenvolvimento. Porém, o habitante do país desenvolvido será, certamente, menos afetado pela "crise da água", uma vez que sabe usar melhor a água disponível, e tem dinheiro para comprar a quantidade de que necessita.

Por sua vez, em 2003 a UNESCO estima que, se a poluição dos rios crescer tanto quanto a população do mundo, cerca de 18.000 km³/ano estarão degradados nos rios. Nesse particular, deve-se considerar que a UNESCO, 2003, estimou que, aproximadamente, dois bilhões de toneladas de lixo serão jogadas nos rios, lagos e riachos, todos os dias, no mundo.

Além disso, a inércia política dos governos dos países-membro das Nações Unidas só agrava a "crise da água" e nenhuma região da Terra será poupada do seu impacto sobre cada aspecto da vida, desde a saúde das crianças à capacidade das nações de assegurar comida para os seus cidadãos. Apesar das evidências da crise da água estarem bem claras, falta comprometimento político para que essas tendências possam ser alteradas.

Uma série de conferências nacionais e internacionais tem acontecido nos últimos anos sobre as várias questões relacionadas à água, incluindo maneiras de uso e conservação. Vários objetivos foram estabelecidos para melhorar a gestão da água disponível, mas quase nenhum foi atingido.

Consequentemente, sete bilhões de pessoas em 60 países estarão enfrentando falta de água ainda na metade deste século. Na melhor das hipóteses, dois bilhões de pessoas em 48 países estarão nessa situação. Isso vai depender de fatores como o crescimento da população e do desenvolvimento de políticas públicas de uso e conservação da água.

Os mais pobres do mundo continuarão a ser os mais afetados e 50% da população dos países em desenvolvimento estará exposta a fontes de água poluída, estimou a UNESCO, 2003. Apesar de as taxas de natalidade estarem diminuindo, a população do mundo continua crescendo em função da redução das taxas de mortalidade, conforme estimam os demógrafos. Assim, a população mundial deverá passar dos 6,1 bilhões atuais e atingir 9,3 bilhões até 2050. Contudo, em função das mudanças dos hábitos de higiene e bem-estar da vida moderna, o consumo de água quase dobrará no período.

TERCEIRA PARTE

5. ÁGUA NO BRASIL

O Brasil tem uma área de 8.547.403,5 km² e uma população de 170 milhões de habitantes (IBGE, 2000). Ocupa 47,7% da área da América do Sul e é o quinto país do mundo, tanto em extensão territorial quanto em população. Além disso, o Brasil é uma república federativa, localizado entre as latitudes de 5° Norte e 34° Sul e Longitudes de 35° e 74° Oeste, sendo cortado pelas linhas do Equador Terrestre e do Trópico de Capricórnio.

Em termos hidrológicos é um país-continente. Em termos pluviométricos, mais de 90% do território brasileiro recebe chuvas entre 1.000 e mais de 3.000 mm/ano. Apenas nos 400.000 km² do contexto semiárido do Nordeste, onde as rochas de idade pré-cambriana são praticamente subaflorantes e impermeáveis, as chuvas são mais escassas (entre 400 e 800 mm/ano) e, relativamente, mais irregulares. Os rios do Nordeste semiárido têm regime temporário, ou seja, secam praticamente durante os períodos sem precipitações de águas atmosféricas nas respectivas bacias hidrográficas.

Entretanto, a interação do quadro pluviométrico mais abundante com as condições geológicas dominantes engendra importantes excedentes hídricos que fluem pela superfície e pelo subsolo, alimentando uma das mais extensas e densas redes hidrográficas perenes do mundo, cuja descarga total média de longo período é de 182.633 m³/s ou 5.753 km³/ano.

Em 1965, teve lugar em Washington o 1° Simpósio Internacional sobre Dessalinização da Água, quando os representantes dos países participantes, inclusive o Brasil, verificaram que pouco se sabia sobre as águas dos respectivos territórios. Isso representou o começo da cooperação internacional no setor de recursos hídricos e foi iniciado o Decênio Hidrológico Internacional (1966-1975), sob a coordenação da Organização das Nações Unidas para a Educação e Ciências – UNESCO. Vale destacar que esse Decênio passou a se chamar Programa Hidrológico Internacional – PHI, sempre com a participação do Brasil.

Em 1977, a ONU realizou a 1ª Conferência Internacional sobre a Água, em Mar del Plata (Argentina), já buscando planejar maneiras mais eficientes de utilizar e conservar as reservas de água do mundo, criando-se "O Decênio da Água Potável".

A distribuição, pela sua população, da quantidade de água que escoa pelos rios do Brasil, representa uma oferta da ordem de 33.841 m³/ano *per capita*. Essa situação coloca o Brasil na classe dos países ricos de água-doce das Nações Unidas. Além disso, têm-se as águas subterrâneas, cujo volume estocado até a profundidade de 1.000 m é estimado em 112.000 km³.

Os dados fluviométricos disponíveis indicam que a contribuição dos fluxos subterrâneos às descargas de base dos rios – valor seguro das taxas de recarga das águas subterrâneas que ocorrem no subsolo da bacia hidrográfica – varia entre 11 mm/ano nas bacias hidrográficas esculpidas nas rochas cristalinas subaflorantes do Nordeste semiárido, de 100 a 200 mm/ano nos seus domínios sedimentares e atinge mais de 600 mm/ano nas bacias sedimentares do Amazonas e Paraná, por exemplo.

O valor médio das recargas das águas subterrâneas, no Brasil, é estimado em 3.144 km³/ano. A extração de apenas 25% dessa taxa média de recarga já representaria uma oferta de água-doce à população brasileira da ordem de 4.000 m³/ano *per capita*. Portanto, mesmo no subsolo, o Brasil dispõe de muita água, ainda que se considerando 1.000 m³/ano *per capita* como a taxa abaixo da qual se caracteriza o estresse hídrico.

Essa situação de abundância de água-doce no Brasil já era reportada por Pero Vaz de Caminha ao rei de Portugal em 1500, na sua primeira carta sobre o descobrimento. Ao tocar a zona úmida costeira do Nordeste semiárido assim declarava: "em se plantando tudo dá, em função das águas que tem...".

MUITA ÁGUA NOS RIOS: MÁ DISTRIBUIÇÃO E GRANDES DESPERDÍCIOS

Grandes civilizações nasceram, floresceram e se desenvolveram onde havia muita água, enquanto outras pereceram ou decaíram quando o suprimento de água deixou de ser abundante. Muitas pessoas ainda se matam pela água lamacenta de um poço ou de um rio, muitas ainda adoram os deuses da chuva, rezando para que a mandem por ser ela a fonte da vida.

Quando deixa de chover por longos períodos, as plantações secam, a fome assola regiões muito importantes e verifica-se, atualmente, racionamento de energia hidrelétrica.

Outras vezes, as chuvas caem intensa e repentinamente, de tal forma que os rios transbordam, cobrindo e afogando tudo e todos que se coloquem no caminho de suas águas. Todavia, a ocorrência de secas ou chuvas onde não mora ninguém ou não existe interesse econômico ou político não passa de um fenômeno meteorológico.

Nossa demanda de água cresce constantemente. À medida que cresce a população, as fábricas e irrigações consomem sempre mais. Assim, uma coisa é certa: precisa-se de quantidades cada vez maiores de água e a única fórmula que se conhece, até agora, para se conseguir um equilíbrio entre oferta e demanda na área considerada é transformar a ideia tradicional de que a solução é aumentar sua oferta e passar a dar-lhe um uso cada vez mais eficiente.

Nas últimas décadas, verifica-se a necessidade de evoluir do usufruto do capital – água em abundância e demais recursos naturais, mão de obra barata, principalmente – para cenários que visam a uma produtividade crescente. Em outros termos, a palavra de ordem, atualmente, é produzir cada vez mais com o uso de cada vez menos água.

Para fins de gestão de recursos hídricos, o território brasileiro é dividido em 12 regiões hidrográficas, conforme mostra a figura 8. Nessa divisão, deve-se atentar para o fato de que se considerou as bacias dos rios temporários do Nordeste Setentrional juntamente com as dos rios perenes do Nordeste Oriental.

Entretanto, no Nordeste Setentrional, ou Sertão, o meio ecológico predominante é semiárido e as bacias hidrográficas dos rios que drenam essa área foram esculpidas nas rochas cristalinas praticamente impermeáveis e subaflorantes. Como decorrência, a cobertura vegetal dominante é do tipo caatinga, ou seja, vegetação adaptada aos longos períodos sem chuvas. Assim, os rios dessa área têm regime de fluxo temporário.

Ao contrário, a pluviometria nas bacias hidrográficas dos rios que drenam o Nordeste Oriental é mais regular e abundante – entre 1.000 e 3.000 mm/ano. As bacias hidrográficas foram esculpidas em rochas cristalinas cobertas por espesso manto de rochas alteradas ou de sedimentos arenosos. Os rios que drenam o Nordeste Oriental são perenes, ou seja, nunca secam, sobretudo nos seus médios e baixos cursos, onde as densidades de população são maiores e a falta de saneamento básico constitui um problema vexatório. Em consequência, a esquistossomose predomina nessas áreas, como doença hídrica endêmica.

Portanto, os problemas de abastecimento de água nessa área são muito mais de eficiência da oferta e de usos. Logo, esses são muito diferentes daqueles engendrados pelas secas periódicas que assolam o Nordeste semiárido. Basta lembrar que, regra geral, as empresas estatais de abastecimento de água no Nordeste não coletam sequer os esgotos que geram e apresentam índices de perdas totais – perdas físicas em razão dos vazamentos de água nas redes de distribuição e perdas financeiras, devido às ligações clandestinas e roubo de água – entre 40 e 70%, isto é, da água que é captada, tratada e injetada nas redes de distribuição.

Além disso, o Programa de Uso Racional da Água – PURA –, mostra que na Região Metropolitana da Grande São Paulo (RMSP), por exemplo, os desperdícios atingem cerca de 70% da vazão que chega na torneira do usuário. Considerando que se trata de cerca de 63.000 litros por segundo em média, os quais são repartidos pela população de 17 milhões de habitantes, resulta numa taxa *per capita* de 320 litros por dia. Todavia, a vazão de projeto da rede de distribuição é de 250 litros por habitante por dia. Dessa forma, a empresa de água está tratando mais do que a população precisa. O problema não é, pois, de falta de água, mas de um uso mais eficiente.

Quantos aos desperdícios na agricultura, deve-se considerar que sobre cerca de 93% dos quase três milhões de hectares irrigados no Brasil, ainda se utilizam os métodos de irrigação menos eficientes do mundo, tais como o espalhamento superficial (56%), aspersão convencional (18%) e pivô central (19%). Deve-se considerar, ainda, que esses dois últimos métodos, além de serem pouco eficientes em termos de consumo de água, são de uso intensivo de energia elétrica, cuja produção no Brasil depende de água.

A descarga média de longo período dos rios que drenam o território brasileiro é, atualmente, de 182.633 m³/s, ou cerca de 34.000 m³/ano *per capita*. Entretanto, levando-se em consideração a descarga média gerada na região hidrográfica do Amazonas, situada em território estrangeiro, estimada em 89.000 m³/s, o potencial total de água-doce que flui pelos rios do Brasil é da ordem de 272.000 m³/s (ANA, 2002).

A relação entre as demandas – para consumo humano de 384 m³/s, irrigação de 1.344 m³/s, consumo animal de 115 m³/s, industrial de 299 m³/s e média total de 2.141 m³/s – e a descarga total média de longo período dos rios de 182.633 m³/s mostra que a escassez de água ainda não ocorre no Brasil. A relação demandas *versus* potenciais é de apenas 0,2 % na bacia do Amazonas, 0,6% na do Tocantins, 3,6% na do Parnaíba, 7,9% na do São Francisco, a mais elevada de 8,9% no Nordeste e de 1,2% apenas no Brasil, por exemplo. Entretanto, essas demandas são crescentes, assim como os desperdícios e a degradação da qualidade ambiental.

Desse modo, o Brasil tem muita água, mesmo no Nordeste. Porém, o seu uso cada vez mais eficiente desempenhará, certamente, um papel vital na saúde atual e futura da nossa sociedade e na produção de alimentos, principalmente. O uso eficiente da água nos rios do Brasil significa a possibilidade de suprir as necessidades humanas básicas, sem destruir o meio ambiente, a qualidade da água, garantir o crescimento econômico e social com proteção ambiental.

Verifica-se que o Brasil tem água mais do que suficiente nos rios em qualquer das suas regiões geográficas. Logo, nada justifica o Brasil permanecer na vala comum dos países com escassez de água, para proporcionar o desenvolvimento essencial, para melhorar os meios de vida da sua população, para sustentar o seu crescimento e, eventualmente, estabilizá-lo em nível adequado.

Basta considerar que, virtualmente, em todas as zonas áridas do mundo a umidade do solo é inferior a 300 mm/ano, a vegetação é escassa e a produtividade de biomassa é inferior a 3 t/hectare/ano. Entretanto, técnicas de irrigação têm tornado possível uma maior produtividade, aliadas ao uso mais eficiente da água e dos recursos naturais.

No outro extremo tem-se a zona de clima equatorial, onde a umidade do solo atinge mais de 1.500 mm/ano e os potenciais naturais de biomassa no Brasil são superiores a 40 t/hectare/ano. Entretanto, o Brasil corre grande risco de perder a honrosa posição de maior produtor mundial de alimentos (mais de 100 milhões/t) se não der uma maior atenção aos seus recursos hídricos e aos seus solos, porque para cada quilo de grão produzido nos Estados de São Paulo e Paraná, por exemplo, estima-se que se perde 10 vezes mais solo por erosão (Telles, 2002). Por sua vez, no meio temperado, tradicional produtor de alimentos, a umidade do solo é de apenas 550 mm/ano e a produtividade de biomassa é de apenas de 10-12 t/hectare/ano (WRI, 1990).

Portanto, mercados abertos e competitivos, dentro e entre os países, deverão fomentar a inovação de tecnologias que engendram o uso eficiente cada vez maior da água, além de proporcionarem oportunidades a todos para melhorar suas condições de vida. No entanto, esses mercados devem dar os sinais corretos, os preços dos bens e serviços devem ser os mais baixos possíveis, de tal forma que os custos de sua produção, usos, reciclagem e disposição final dos resíduos líquidos e sólidos atendam às perspectivas do desenvolvimento sustentado. Isso é fundamental e mais fácil de alcançar mediante uma síntese dos instrumentos econômicos destinados a corrigir as distorções e estimular a inovação, o contínuo aprimoramento, com padrões reguladores para orientar o desempenho de iniciativas voluntárias por parte do setor privado.

OS TRÊS SETORES DO MUNDO ATUAL

Atualmente, o mundo é visto como formado de três setores distintos, interdependentes e indissociáveis: o governo ou o primeiro setor, as empresas ou o segundo setor e a sociedade civil organizada, o terceiro setor. Nesse quadro, as empresas são, certamente, a espinha dorsal que dá suporte ao corpo formado pelo governo e a sociedade civil organizada. Assim, espera-se que as empresas e a sociedade civil, que elegem os governos, tornem-se parceiros efetivos e definam as necessidades de políticas públicas. Essas políticas regionais, estaduais ou nacionais, deverão ser ajustadas às diferentes situações locais.

As novas regulamentações e instrumentos econômicos devem estar harmonizados entre os parceiros comerciais, ao mesmo tempo reconhecendo que os níveis e condições do desenvolvimento variam de um lugar para outro, o que resulta em diferentes necessidades e capacidades. O governo central deve fazer surgir as mudanças gradualmente e por um período razoável de tempo, para possibilitar um planejamento realista e ciclos de investimento.

Por sua vez, as empresas deverão atuar segundo os princípios do desenvolvimento sustentável, avançando, valorizando e encorajando os investimentos e poupanças a longo prazo, orientados pela disponibilidade de água-doce e de informações adequadas.

As políticas e práticas do comércio global devem ser abertas, oferecendo oportunidades a todas as regiões hidrológicas. Essas práticas deverão levar ao uso e conservação da água e dos recursos naturais, de tal forma que será mais importante o uso cada vez mais eficiente da água do que continuar ostentando sua abundância. Em outras palavras, será sempre mais efetivo embasar o desenvolvimento sobre o rendimento ou a produtividade do capital água ou dos recursos naturais, do que sobre sua abundância ou com a visão tradicional extrativista.

Uma visão clara de um futuro sustentável mobiliza as energias humanas na execução das transformações necessárias, rompendo com os padrões estabelecidos de que a única solução dos problemas de escassez da oferta d'água é o aumento da sua oferta. À medida que os líderes de todos os segmentos da sociedade integrarem forças para transformar a visão das empresas, a inércia será superada e a cooperação tomará o lugar do confronto.

AS ÁGUAS SUBTERRÂNEAS

Durante as últimas décadas do século passado era crescente o número de exemplos positivos da utilização racional do manancial subterrâneo, como a alternativa de solução mais barata para abastecimento humano nos países mais desenvolvidos. Essa situação decorre, fundamentalmente, do fato da água subterrânea ocorrer de forma extensiva no meio e se achar, relativamente aos rios e açudes, protegida dos agentes de poluição – tanto nas cidades quanto no meio rural.

Tendo em vista que a captação da água subterrânea é feita, em geral, pelo próprio usuário, a percepção da necessidade de um uso mais eficiente da água é mais fácil do que extraí-la de um rio, com dinheiro público.

Efetivamente, como as obras para utilização da água dos mananciais de superfície são construídas com grandes investimentos públicos, a percepção da necessidade de se fazer um uso cada vez mais eficiente da água disponível é quase sempre mais difícil, principalmente, quando o seu uso mais importante é para irrigação.

Devido à falta de controle – federal, estadual ou similares – na extração, recarga ou monitoramento da água subterrânea, não se tem uma avaliação segura do número de poços já perfurados, tanto no mundo, quanto no Brasil. A UNESCO estima que cerca de 250 milhões de poços estão em operação no mundo e talvez 10% no Brasil. Somente no Estado de São Paulo, a Associação Brasileira de Águas Subterrâneas – ABAS, 2003 – estima que cerca de 15 mil poços sejam perfurados por ano, atualmente.

As águas subterrâneas no Brasil continuam sendo extraídas livremente por meio de poços de qualidade técnica duvidosa, para abastecimento de hotéis de luxo, hospitais, indústrias e condomínios privados. Dessa forma, tem-se, com grande frequência, casos de contaminação das águas extraídas: por esgotos domésticos, vazamento de combustíveis e de estoques de produtos químicos, percolação de líquidos vários de depósitos de resíduos sólidos domésticos e industriais etc. Ainda é muito comum o poço que recebe filtros em toda a extensão arenosa do seu perfil geológico, sobretudo quando a camada aquífera fica acima do seu nível estático (NE). Essa prática tem dois agravantes principais: (i) significa desperdício de recursos financeiros, já que se coloca uma coluna de filtros na camada aquífera freática, por exemplo – cujo custo pode ser o dobro do tubo de revestimento simples e, possivelmente, fica sem produzir água – e (ii) a colação de filtro na camada aquífera freática, que significa um aumento dos riscos de contaminação cruzada das águas extraídas, mormente, quando os poços estão localizados nas cidades, nos terrenos das próprias fábricas ou nos perímetros irrigados. Por sua vez, ainda é frequente a colocação de bomba cujo setor de sucção fica posicionado em frente ao intervalo de filtros, causando a produção de areia, o que tem ensejado à construção de "desareiadores" junto aos poços, numa prova eloquente de que não apresentam uma boa qualidade técnica construtiva.

Também é habitual a colocação de pré-filtros ou de cascalho em todo o espaço anular entre o revestimento e a parede do furo do poço, até sua boca. Essa prática enseja a penetração de poluentes superficiais nos poços, tais como: esgotos sanitários, vazamento de postos de gasolina, de tanques superficiais ou semienterrados de produtos químicos, principalmente, ocasionando a contaminação cruzada da água que é produzida.

Outra constatação normalmente observada e muito danosa consiste na instalação de bombas não convenientemente dimensionadas nos poços. Quando os registros de descarga dos poços trabalham estrangulados, significa que as bombas instaladas estão superdimensionadas. Como resultado, têm-se grandes consumos de energia elétrica para bombeamento, rápida incrustação ou entupimento dos filtros, queda da eficiência hidráulica do poço e produção de areia. Além disso, a refrigeração do motor é prejudicada, pelo fato de a água circular em alta velocidade. Ao contrário, quando se coloca uma bomba subdimensionada no poço, tem-se que sua vida útil também é sensivelmente reduzida, por que as baixas velocidades de fluxo não proporcionam condições adequadas de resfriamento do respectivo motor. O mesmo se observa em poços com bombas situadas abaixo de seções de filtros, tendo em vista que a maior produção do referido poço poderá ser proporcionada pelos aquíferos situados acima.

Em geral, é da cultura do povo não fazer manutenção ou limpeza periódica dos poços. Consequentemente, muitas vezes o nível da água se aprofunda, levando a interpretação de que o poço secou. Nesses casos, usuários e perfuradores concordam que a solução seria perfurar novo poço. Ledo engano: o que se verifica com frequência é uma perda da capacidade de produção do referido poço, uma vez que a nova perfuração chega a lograr maior produção que a anterior.

Considerando-se as precárias condições naturais de estocagem de água subterrânea nos terrenos cristalinos do Nordeste – manchas aluviais e zonas de rochas fraturadas –, os rios que drenam as bacias hidrográficas esculpidas no seu contexto semiárido têm regime de fluxo temporário, ou seja, secam, praticamente, durante os períodos sem chuvas nas respectivas bacias hidrográficas. A ideia dominante no Brasil é que a extração da água subterrânea não constitui uma alternativa segura de abastecimento da população.

Entretanto, deve-se levar em conta que o problema hidrológico verdadeiro do Nordeste semiárido não é que chove pouco – entre 300 e 800 mm/ano –, mas que evapora muito – entre 1.000 e mais de 3.000 mm/ano. Assim, não há condições de recarga artificial de aquíferos na área, seja para proteger a água da evaporação intensa que ocorre na região, seja da poluição que é engendrada pelo lançamento dos esgotos domésticos não tratados nos rios secos e pela não coleta da maior parte do lixo que se produz.

A empresa que se instala numa bacia hidrográfica onde a sociedade civil é falida, cedo ou tarde atingirá a falência, sobretudo, quando o governo ou o setor primário não tem uma política pública que vise, prioritariamente, ao interesse da sociedade civil organizada.

Já dissemos mais de uma vez que os rios que drenam mais de 90% do território nacional são perenes, ou seja, nunca secam, revelando uma grande abundância de água-doce no seu território. Certamente essa condição muito contribui para que o Brasil ostente a grande exuberância da sua cobertura vegetal e maior biodiversidade do planeta, além da posição de grande produtor mundial de alimentos. Contudo, se o Brasil não se empenhar em obter uma produtividade crescente com essa abundância de capital – riqueza em recursos naturais, mão de obra, energia abundante e barata – e continuar deslumbrado com a abundância de água que é dada pela visão de rios perenes, muito em breve estaremos amargando a situação de país rico em água-doce que não produz nem para comer.

O vexatório quadro sanitário das nossas cidades já assinala a baixa eficiência do fornecimento da água, por exemplo, onde os índices de perdas totais – vazamento físico de água nas redes de distribuição e perdas de faturamento devido aos roubos de água e tráfico de influência, principalmente – variam entre cerca de 40% e mais de 60%.

Com base nos resultados dos poços produtores de água considerados mais consistentes, elaborou-se o mapa apresentado na fig. 9, onde o território brasileiro foi dividido em termos de potenciais de produção de água subterrânea, ou de vazão específica m³/h por metro de rebaixamento do nível de água no respectivo poço.

Fig. 9
Potenciais de água subterrânea no Brasil (Rebouças, 2002b).

Esse cenário mostra que a única região relativamente pobre de água subterrânea no Brasil é o domínio de rochas cristalinas subaflorantes do semiárido do Nordeste. Nessa área, a capacidade específica dos poços é inferior a um m^3/h por metro de rebaixamento de seu nível d'água.

A análise estatística do Resíduo Seco (RS) ou dos Sólidos Totais Dissolvidos (STD) mostra que 75% das amostras de água da zona semiárida do Nordeste provêm dos seus terrenos sedimentares e são classificadas como água potável, salvo casos locais e ocasionais de poços que são contaminados pela infiltração de águas rasas, especialmente, nas zonas urbanas onde não se tem sequer coleta de esgotos sanitários da maior parte do lixo que se produz, vazamento de tanques diversos e a ocupação do solo é, regra geral, desordenada. Nas zonas fraturadas aquíferas do embasamento geológico de idade pré-cambriana e praticamente impermeável do Nordeste semiárido, somente 37% das amostras analisadas de água apresentaram teores de sólidos totais dissolvidos (STD) inferiores ao limite de potabilidade da região, que é de 2.000 mg/l (Rebouças, 1973).

Entretanto, deve-se considerar a possibilidade, conforme mostra a experiência local e internacional, de que a extração das águas estocadas nas planícies aluviais e zonas de rochas fraturadas aquíferas subjacentes, durante o período de chuvas, principalmente, induz uma maior dinâmica de renovação dessas águas. Decorre que as águas subterrâneas salobras do cristalino do Nordeste semiárido tendem a melhorar de qualidade à medida que são utilizadas e, dessa forma, podem abastecer as populações ou dessedentar os animais. Porém, para tanto, torna-se necessário proceder ao seu monitoramento.

De qualquer forma, a extração de 1 m^3/h por metro de rebaixamento num poço com potencial de rebaixamento de nível de 10 metros, por exemplo, durante 16 horas por dia, significa a oferta de um volume diário de 160 m^3 de água ou 160.000 litros. Com essa quantidade seria possível abastecer uma população entre 1.500 e 2.000 pessoas com uma taxa de consumo diário de 100 l/hab/dia.

Vale ressaltar que a necessidade mínima de água para o consumo no semiárido do Nordeste foi estimada pelo Instituto Regional da Pequena Agropecuária Apropriada – IRPAA, 2001. Dessa forma, verifica-se que o gado consome 53 litros por dia; cavalo e jumento, 41; cabra, ovelha e porco, 6; galinha 0,2; criança, homem e mulher, 14 litros por dia. Assim, a família mais o rebanho precisam em oito meses de cerca da metade da capacidade de produção de um poço construído numa zona de rochas fraturada aquífera praticamente impermeável do cristalino pré-cambriano do Nordeste semiárido.

Além disso, os estudos desenvolvidos pela EMBRAPA/CPATSA, 2000, em convênio com o Banco do Nordeste, indicam que a salmoura produzida pelos dessalinizadores, porventura instalados em poços com água salgada no Nordeste semiárido, tem um grande alcance econômico e social, porque pode ser aplicada na aquicultura e/ou na irrigação de plantas halófitas forrageiras para caprinos e ovinos, principalmente.

No extenso domínio de rochas cristalinas com espesso manto de alteração ou recobertas por terrenos sedimentares diversos, a capacidade específica dos poços pode variar de mais de um m^3/h por metro até 5 $m^3/h.m$, ou cerca de 3 $m^3/h.m$ em média. Considerando-se que o regime de produção de cada poço compreenda 16 horas por dia e que se verifique 30 metros de rebaixamento do nível da água, a oferta seria de um milhão e quinhentos mil litros/dia de água, suficiente para abastecer cerca de 15 mil pessoas, com uma taxa de consumo de 100 litros/dia *per capita*. Porém, à medida que "quem tem um poço não tem nenhum", espera-se que o serviço público de abastecimento de água tenha mais de um poço produtor. Assim, cerca de 3.500 cidades do Brasil com população inferior a 20.000 habitantes poderiam ser abastecida por dois ou mais poços.

Nos domínios hidrogeológicos de borda das principais bacias sedimentares do Brasil, a capacidade específica dos poços varia entre 5 e 10 $m^3/h.m$, ou 7,5 $m^3/h.m$, em média. Considerando que os poços produtores nessa área funcionem cerca de 16 horas por dia e que o rebaixamento do nível de água seja de 40 metros, a oferta por poço seria da ordem de 4,8 milhões de litros de água por dia, ou o suficiente para abastecer cerca de 30 mil pessoas por poço, com uma taxa de consumo de 150 l/dia *per capita*. Nessas áreas, as condições de abastecimento da população das cidades, principalmente, seriam viáveis para abastecer populações em torno de 20.000 pessoas.

Finalmente, têm-se os domínios hidrogeológicos mais promissores. Nesses domínios, a capacidade específica de cada poço pode atingir mais de 20 $m^3/h.m$, porém, de forma conservadora, considerou-se valor superior a 10 $m^3/h.m$. Esses aquíferos artesianos são confinados por camadas relativamente pouco permeáveis e basálticas, inseridos nas bacias sedimentares do Amazonas (1,3 milhão km^2); a bacia do Maranhão-Piauí (700 mil km^2) e do Paraná no Brasil (1 milhão km^2). Nessas bacias sedimentares os sistemas aquíferos artesianos destacam-se pela importância econômica e social. Nesse quadro, tem-se o aquífero Guarani que representa a maior reserva de água-doce subterrânea do mundo (50.000 km^3 e cerca de 166 km^3/ano de recarga), o qual compreende cerca de 839.800 km^2 no Brasil, 225.300 km^2 na Argentina, 71.700 km^2 no Paraguai e 58.400 km^2 no Uruguai.

Considerando que o regime de produção de cada poço compreenda um funcionamento de 16 horas por dia e que se verifique uma queda do nível de água no respectivo poço de 50 m, a oferta seria de 8.000 m³/dia ou 8 milhões de litros de água por dia, suficiente para abastecer cerca de 40.000 pessoas por poço, com uma taxa de consumo de 200 litros/dia *per capita*.

Tabela 1 – Potenciais e demandas de água (m³/s) nos rios das regiões hidrográficas.

Região Hidrográfica	Área km²	Descarga	Humana	Irrigação	Animal	Industrial	Totais	%
Amazonas	3.988.813	134.119	9	190	8	2	209	0,2
Tocantins	757.000	11.306	12	51	7	2	72	0,6
Parnaíba	344.248	1.272	9	32	2	2	45	3,6
S. Francisco	645.000	2.850	28	160	7	29	224	7,9
Paraguai	363.592	1.340	4	41	10	1	56	4,2
Paraná	556.820	11.000	105	253	44	113	515	4,7
Uruguai	77.494	150	8	157	9	5	178	4,3
Costa N.	98.583	3.253	1	0	0	0	1	0,0
Costa NEW	256.098	1.695	10	5	3	2	19	1,1
Costa NEE	685.303	2.937	78	118	14	53	262	8,9
Costa SE	209.000	3.868	105	28	47	78	215	5,6
Costa S	192.810	4.842	18	309	6	11	344	7,1
Brasil	8.574.761	182.633	384	1.344	115	299	2.141	1,2

Fonte: ANA, 2002.

Assim, além das águas que fluem pelos rios, a alternativa de abastecimento humano com água subterrânea precisa ser considerada. Pelo fato da água subterrânea poder ser captada no próprio lote do condomínio, da indústria ou no perímetro irrigado e ter, em geral, qualidade adequada ao consumo humano, não tem os custos de transporte ou de tratamento. Por sua vez, a sua extração desordenada atual poderá produzir sérios impactos nas descargas de base dos rios, nos níveis mínimos dos reservatórios, e recalques nos terrenos.

Até a última década do século passado, os indicadores mais seguros de estabilidade e riqueza de uma nação eram suas reservas de petróleo e dos recursos minerais não renováveis. Atualmente, esses indicadores são questionados por estrategistas de mercado, em relação à água, recurso natural renovável no mundo, mas não inesgotável e de valor econômico em muitas partes da Terra.

A partir da última década, principalmente, considera-se que a cobrança pelo direito de uso da água é uma forma de se conseguir um uso cada vez mais eficiente. No Brasil, em particular, embora se ostente a maior descarga de água-doce do mundo nos seus rios, lutar pelo uso cada vez mais eficiente da gota d'água disponível é lutar contra a pobreza, pela vida, pela saúde e pela comida para todos (Rebouças, 2002c).

No Brasil, o comprometimento da renda *per capita* com a conta d'água e esgoto já representa cerca de 1%, considerando-se as tarifas e os níveis de atendimento atuais. Supondo-se a extensão para toda a população brasileira do serviço de coleta e tratamento de esgotos, e cobrando-se as tarifas atuais, a conta d'água e esgoto chegaria a 2% da renda *per capita*. Enquanto isso, nos países desenvolvidos, o comprometimento da renda *per capita* com a conta d'água e esgotos varia entre 0,3 e 0,8% do seu valor (SEDU/PR, 2002).

A TRANSPOSIÇÃO DE BACIAS HIDROGRÁFICAS NO BRASIL

A alternativa de transporte de água entre bacias hidrográficas diferentes, como a realizada entre as bacias do Rio Piracicaba e Alto Tietê, para abastecimento da cidade de São Paulo ou, no Nordeste, como o Rio São Francisco – Jaguaribe, ou entre as bacias dos rios Tocantins e São Francisco, por exemplo, precisa ser avaliada à luz do arcabouço – legal e institucional – vigente, em especial a Lei Federal nº 9.433/97, que impõe viabilidade ambiental e social, dentre outras, além do simples equacionamento hidrológico-técnico ou hidráulico. Deve-se levar em conta, também, os novos conhecimentos hidrológicos disponíveis.

Assim, caberá aos comitês de bacia hidrográfica a decisão sobre o que se vai fazer com a água disponível no respectivo setor geográfico. Dessa forma, tendo em vista as grandes perdas de água por evaporação, no Nordeste semiárido, parece que a alternativa mais viável seria transportar o excedente de energia hidrelétrica gerada na bacia do Tocantins para a bacia do Rio São Francisco, e fazer um uso múltiplo cada vez mais eficiente da água disponível na região, tal como para abastecimento da população, saneamento básico, irrigação e produção hidrelétrica.

A experiência tem mostrado, por exemplo, que as perdas por evaporação de água no reservatório de Sobradinho, no Rio São Francisco, são da ordem de 500 m³/s, enquanto a vazão média do Rio Colorado, nos Estados Unidos, é de apenas 400 m³/s e base do uso múltiplo na Califórnia e Arizona, principalmente, há aproximadamente 200 anos, pelo menos. Por sua vez, o método tradicional de espalhamento superficial de água no Nordeste semiárido – 56% da área de perto e 3 milhões de hectares irrigados no Brasil – é como derramar água no solo para evaporar (Telles, 2002).

Portanto, no Nordeste semiárido, a utilização desse método tem como decorrência uma produtividade agrícola progressivamente mais baixa, porque a evaporação intensa da água espalhada no solo forma a sua crescente salinização e consequente perda de produtividade. Assim, em termos de eficiência da atividade, em USD por m^3 de água utilizado, a sua prática tem revelado ser, além de crime ambiental, uma tolice econômica (PROCEAGRI, 2000).

No entanto, a utilização do pivô central e da aspersão convencional, respectivamente 19% e 18% da área irrigada, de perto de 3 milhões de hectares no Brasil, tem se revelado pouco recomendada, tanto em termos de eficiência econômica USD por m^3 de água, quanto de uso intensivo de energia hidrelétrica para bombeamento, recalque ou pressurização da água que é fornecida. Assim, sobre perto de 93% dos quase 3 milhões de hectares irrigados no Brasil, utilizam-se os métodos menos eficientes do mundo de uso da água (Telles, op. cit.).

A cobrança da conta mensal referente ao consumo de energia elétrica pelas atividades de irrigação em Iguatu, Ceará, por exemplo, serviu para mostrar ao usuário que, mesmo quando a água pode ser bombeada livremente de poços, rios ou de açudes, ela não é gratuita. A propósito, tanto no Nordeste quanto no Estado de São Paulo, verificou-se que o mercado só remunera a produção das culturas irrigadas quando a eficiência econômica da atividade é superior a 1,0 USD por m^3 de água fornecido. Isso significa produção de frutas e flores no Nordeste semiárido, cuja eficiência econômica do cultivo pode atingir mais de 6,0 USD por m^3 de água utilizado (BN, 1999). Contudo, a irrigação tradicional de arroz, milho, soja e feijão no Nordeste apresenta eficiências econômicas muito baixas, entre 0,01 e 0,20 USD por m^3 de água utilizado, e consumos de água entre 8.000 e 21.000 m^3/ano por hectare (BN, op. cit.). No Estado de São Paulo, a viabilidade econômica fica restrita aos cultivos de café e frutas plantadas de forma mais densa, isto é, menos espaçadas, e com consumo de água variando entre menos de 5.000 e 7.000 m^3/ano por hectare, principalmente (Rebouças, 2002c).

Basta lembrar que a Organização Mundial de Saúde – OMS – estima que cada USD investido em saneamento básico, representa uma redução de 4 a 5 USD em despesas com o tratamento das doenças de veiculação hídrica que afetam a maioria da população do Terceiro Mundo, fundamentalmente. Não obstante, verifica-se que, tanto os poderes da república – executivo, legislativo ou judiciário – quanto os partidos políticos no Brasil, parecem não considerar esse aspecto como uma prioridade e que sem água não se faz saneamento básico.

TRANSFORMAÇÃO DEMOGRÁFICA E ÁGUA NO BRASIL

O mundo experimentou uma inusitada transformação demográfica a partir da Revolução Industrial, cujo início verificou-se na Grã-Bretanha durante o século XVIII e começou a estender-se às outras partes da Europa e à América do Norte no início do século XIX. No Brasil, essas transformações só aconteceram a partir de 1940 e, mais propriamente, na segunda metade do século XX (tabela 2).

Tabela 2 – Evolução da população no Brasil

	Pop. Total	%Urbana	%Rural
1940	41	31	69
1950	52	36	64
1960	71	45	55
1970	94	56	44
1980	121	68	32
1991	147	75	25
2000	170	81	19

Fonte: IBGE, 2000.

A Revolução Industrial gerou um grande aumento na produção de vários tipos de bens e grandes mudanças na vida e no trabalho das pessoas, destacando-se o crescimento desordenado da demanda localizada da água, grandes desperdícios e a degradação da sua qualidade em níveis nunca imaginados nas cidades, indústria e agricultura. Todos esses aspectos são, certamente, importantes fatores que engendraram a "crise da água", que se anuncia como capaz de dar origem a guerras entre nações, ainda neste século XXI.

O que interessa em definitivo ao cliente ou usuário é que o fornecimento da água seja regular e que o preço cobrado seja o justo. Em outras palavras, o que lhe interessa é que o fornecimento seja feito sem racionamento ou operação rodízio, sem grandes índices de perdas totais que, no Brasil, variam entre 40% e 60% da água captada, tratada e injetada nas redes de distribuição. Que seja estimulada a redução dos grandes desperdícios – tanto pela substituição de equipamentos obsoletos, tais como bacias sanitárias que necessitam de 18-20 litros por descarga, quando se tem no comércio tipos mais modernos que exigem apenas 6 litros de água, quanto pelo hábito de banhos muito longos, varrer calçadas, pátios e carros com o jato da mangueira, por exemplo.

Entretanto, chama a atenção a inércia política que faz com que, em nenhum momento, os poderes constituídos da nação, bem como os partidos políticos, tenham considerado como prioritários os problemas ocasionados pela falta de saneamento básico nas cidades.

O fato é que as estatísticas indicam que mais de 90% da população é servida pela rede de distribuição de água. Porém, omite-se a precariedade dos serviços de saneamento básico no Brasil – oferta irregular de água, falta de coleta e tratamento de esgotos e de coleta e deposição adequada do lixo que se produz nas cidades. Além disso, o vexatório saneamento básico nas cidades brasileiras é significativo gerador das doenças que afetam, principalmente, a população mais pobre e um dos mais fortes impedimentos ao desenvolvimento do País com justiça social.

Como a experiência nos países desenvolvidos tem mostrado que a parte mais sensível do corpo humano é o bolso, uma das recomendações do Banco Mundial (BM) e da Organização das Nações Unidas (ONU) para reduzir o desperdício e a degradação da qualidade da água é considerá-la como um recurso natural de valor econômico, ou seja, uma mercadoria com preço de mercado, como estabelece, aliás, o terceiro princípio da Lei Federal brasileira nº 9.433/97.

Diferentemente do petróleo, a água do Planeta Terra é um recurso natural renovável, mas que precisa ser usado com eficiência cada vez maior, evitando-se a degradação da sua qualidade. Em termos globais, não deverá faltar água-doce no mundo. Entretanto, a distribuição dessa água é muito irregular, é crescente o desperdício e a degradação da sua qualidade atinge níveis alarmantes. Dessa forma, muito embora não possa faltar água no mundo, poderá faltar água na sua torneira, à medida que poderá faltar dinheiro para pagar a conta do fornecimento da água limpa de beber.

O PROBLEMA NO NORDESTE SEMIÁRIDO DO BRASIL

Ao se deixar um copo d'água num aposento durante alguns dias, este poderá secar, à medida que as moléculas de água situadas na superfície do líquido se liberem daquelas mais abaixo e subam à atmosfera na forma de vapor. Quando um líquido evapora de uma superfície, esta se torna mais fria porque a sua transformação em vapor consome calor. Dessa forma, um ventilador elétrico produz uma sensação de esfriamento, porque a corrente de ar ocasiona uma rápida evaporação da água que é engendrada pela nossa transpiração. O calor gasto na transpiração ou suor é fornecido pelo nosso próprio corpo. Essa mesma regra é valida quando nos dias quentes se borrifa água nas calçadas de uma rua, para se obter uma sensível queda das temperaturas, já que a evaporação da água borrifada consome calor.

O ar pode conter maior quantidade de vapor de água nos climas quentes do que nos frios. Assim, a quantidade de vapor ou umidade pode ser muito alta nas regiões tropicais, enquanto em clima mais frio decresce bastante. A 32°C pode haver o dobro da quantidade de vapor de água na atmosfera do que a 21°C, por exemplo. Assim, construir pequenos açudes no Nordeste semiárido do Brasil ou grandes obras em locais inadequados, utilizar métodos de irrigação como espalhamento superficial, aspersão convencional e pivô central, poderá significar espalhar água para evaporar, enquanto esses métodos de irrigação são perfeitamente eficientes noutras condições climáticas. Assim é que os baixos coeficientes de utilização dos grandes açudes construídos no semiárido do Nordeste no Estado do Ceará, ficando entre 1,6 e 39,4%, corroboram a assertiva de que pagamos, efetivamente, à natureza um alto "preço" pela acumulação em açudes mal dimensionados da água disponível no semiárido (Vieira, 2002).

Quanto aos métodos de irrigação mais utilizados no Brasil – espalhamento superficial (56%), pivô central (19%) e aspersão convencional (18%) –, são, certamente, os mais fotogênicos, mas se inserem dentre os menos eficientes no mundo (Telles 2002). Todos esses aspectos precisam ser levados em consideração nos processos de uso inteligente da água. No semiárido do Nordeste do Brasil, por exemplo, o problema hidrológico não é que chove pouco – entre 400 e 800 mm/ano – mas que evapora muito – entre 1.000 e mais de 3.000 mm/ano (Rebouças, 1973, 1997 & Macedo, 1996).

As secas no Nordeste semiárido do Brasil poderiam ser definidas como o processo que é gerado pela ocorrência das chuvas em regime incompatível com as necessidades das culturas de subsistência, tais como milho e feijão (Rebouças & Marinho, 1970, Rebouças, 1973, 1997). Durante os anos de seca, a ocorrência das chuvas é particularmente irregular (Rebouças, 1997). Essa irregularidade é bem dimensionada pelo coeficiente de variação – relação percentual entre o valor médio da pluviometria e o seu desvio padrão – cujos valores nos anos de seca situam-se entre 45% e 70%, enquanto no resto do Brasil o coeficiente de variação das chuvas fica entre 15% e 20% todos os anos. Assim, se as chuvas ocorressem de forma regular, não seriam suficientes para atender às altas taxas de evaporação. Decorrente da irregularidade das chuvas na sua região semiárida, principalmente, esta não é um deserto. Tem-se na região a "seca verde", ou seja, aquela em que as águas das chuvas intensas infiltram nos solos rasos da região e dão suporte à explosão do verde da caatinga, embora não sejam suficientes ou adequadas ao desenvolvimento das culturas de subsistência, tais como o milho e o feijão.

Há anos em que predomina o escoamento superficial do excedente hídrico criado pela grande intensidade de ocorrência das chuvas, quando os rios, praticamente secos durante a maior parte do ano, se transformam em caudalosos cursos de água que enchem os açudes.

Durante os últimos 150 anos, milhares de açudes rasos e dezenas de outros profundos foram construídos pelo Governo Federal, pelos Governos estaduais, em cooperação ou por particulares, no Nordeste semiárido do Brasil. Lamentavelmente, verifica-se que muito investimento improdutivo e operacionalmente não sustentável foi feito, seja porque os grandes e pequenos açudes mais servem para evaporar água do que para regularizar a sua oferta, seja porque os grandes açudes, que poderiam ser uma fonte confiável de água, não se integraram numa política pública de uso racional da água, uma vez que os meios necessários nunca foram sequer construídos – sistemas de adução, canais e adutoras, por exemplo – para conduzir água para onde a maior parte da população da região vive e trabalha. Assim, o açude de Orós, orgulho do Ceará, teve sua construção concluída em 1958, mas só recebeu uma tomada de água 20 anos depois.

Esse problema está sendo parcialmente resolvido através da construção de adutoras, pelo PROÁGUA, programa financiado pelo Banco Mundial. Uma dessas adutoras deverá atender à cidade de São Raimundo Nonato, Piauí, que sempre sofreu racionamento de água nos anos de seca, apesar de distar somente 43 km do açude Petrônio Portela, cuja capacidade de armazenamento é de 181 milhões de m^3, e mais 10 localidades, beneficiando uma população de cerca de 60.000 pessoas. Lamentavelmente, no caso da adutora Potiguar, verifica-se a preferência por uma grande obra fotogênica para levar água do açude Armando Ribeiro Gonçalves de Açu para abastecer a cidade de Mossoró, enquanto a solução mais barata de abastecimento público é destinada a beneficiar o setor privado do cimento e da agricultura irrigada.

Além dos açudes públicos, em cooperação ou privados, cuja capacidade de estocagem é da ordem de 30 bilhões de m^3, outro tanto de água poderia ser ofertado pelos milhares de poços inoperantes por razões diversas. Os poços foram perfurados ao longo das últimas décadas, principalmente pelo Governo Federal, sem o devido equacionamento institucional, isto é, sem que uma solução tenha sido sequer cogitada para fazer a operação e manutenção do próprio poço, da bomba submersa, do cata-vento ou compressor e, caso exista, do dessalinizador.

Os métodos de irrigação tradicionais consomem muita água – arroz, 21.000 m^3/ano por hectare, milho 17.000 m^3/ano por hectare e feijão 8.000 m^3/ano por hectare – enquanto para produzir uva o consumo de água é inferior a 5.000 m³/ano por hectare, por exemplo. Por outro lado, a eficiência econômica da produção de grãos é muito baixa – USD/m³ –, variando entre 0,01 para o arroz, 0,04 para o milho e 0,20 para o feijão, enquanto a produção de frutas pode atingir USD/m³ de água ofertada de 6,10. Assim, o mercado da agricultura irrigada no Nordeste semiárido verifica que o consumo de água inferior a 5.000 m³/ano por hectare é ótimo, entre 5.000 e 7.000 m³/ano por hectare bom, entre 7.000 e 10.000 m³/ano por hectare como valor limite e crítico, quando o consumo de água fica acima de 10.000 m³/ano por hectare (BN, 1999). Desse modo, o fato de a ANA considerar para outorga taxas entre 1 e 2 l/s por hectare ou entre 31.500 e 63.000 m³/ano por hectare, parece que privilegia o desperdício ou não considera os limites impostos pelo agronegócio de viabilidade econômica da agricultura irrigada no Nordeste (BN, 1999).

Deve-se atentar para o fato de que o reduzido grau de desenvolvimento do Nordeste tem a ver, certamente, com a ocorrência de secas na sua região semiárida, mas não tanto quanto se veicula costumeiramente ou faz crer o discurso oficial. Como o Brasil ostenta uma pobreza endêmica no Nordeste semiárido, principalmente, torna-se vulnerável à crise de água ou de outra qualquer. É evidente que, se os habitantes do bairro dos Jardins, São Paulo, migrassem para Guariba, no Piauí, a primeira providência seria estabelecer uma urbanização adequada, água encanada, coleta de esgotos e de lixo, para qual não faltaria grupo econômico interessado em investir, uma vez que a população poderia pagar. Assim, o problema maior do Nordeste semiárido, cujo Índice de Exclusão Social é um dos mais vexatórios (fig. 10), é a falta de condições para sua crescente população superar os níveis de pobreza (Campos et al, 2003).

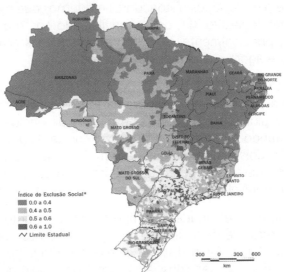

Fig. 10
Índices de exclusão social no Brasil (Campos et al., 2003).

Basta considerar que, se fosse a seca realmente a causa do atraso do Nordeste, ter-se-ia um grande desenvolvimento a partir da sua Zona da Mata Litorânea, do Agreste, dos Brejos de Altitude e do Piauí, cuja taxa de disponibilidade de água nos seus rios é de perto de 9.000 m³/ano *per capita*, ou seja, a mesma de um norte-americano, por exemplo. Nessas áreas não se têm maior falta de água do que normalmente se tem no Brasil chuvoso ou no mundo em geral. A nosso ver, os efeitos negativos, de natureza econômica e social, que são atribuídos às secas periódicas que assolam a região, estão relacionados, mais propriamente, à estrutura reguladora de mercado (Rebouças, 1997).

Assim, salvo melhor juízo, na Grande Seca que assolou o Nordeste semiárido do Brasil no período de 1876-79, a fome em massa foi uma tragédia política evitável, não um desastre natural. Senão, como explicar o fato de que, no século em que a fome em tempo de paz desapareceu para sempre da Europa Ocidental, esta tenha aumentado de forma tão devastadora em grande parte do mundo colonial, e de modo especial nas regiões assoladas pelas secas (Carvalho, 1988).

Do mesmo modo, como pesar as presunçosas afirmações sobre os benefícios vitais das estradas e dos modernos mercados de grãos, quando tantos milhões de pessoas, sobretudo na Índia britânica, morreram ao lado dos trilhos das ferrovias ou nos degraus dos depósitos de grãos, ao mesmo tempo em que a produção de grãos das áreas assoladas pelas secas era vendida aos consumidores europeus, cujos preços e formas de pagamento eram mais do interesse do mercado da época.

Quase sem exceção, os historiadores modernos que escrevem sobre a história mundial do século XIX, de um privilegiado ponto de vista europeu ou americano, principalmente, têm ignorado as megassecas e fomes que assolaram o que agora chamamos de Terceiro Mundo.

A UNESCO, coordenadora do Decênio Hidrológico Internacional – 1965-1975, e a partir de então Programa Hidrológico Internacional (PHI), estima que, na pior das hipóteses, sete bilhões de pessoas em 60 países estarão enfrentando falta de água na metade deste século. Na melhor das hipóteses, serão dois bilhões de pessoas em 48 países nessa situação. Isso vai depender do desenvolvimento de políticas públicas de uso e conservação da água disponível e de uma drástica mudança de mentalidades.

Os problemas de atitude e comportamento – tanto dos governos, quanto das empresas e da sociedade, em geral – são componentes essenciais da crise da água. Além disso, a inércia dos dirigentes e o fato de a população mundial não ter consciência total da dimensão do problema, indicam que se torna necessário tomar medidas corretivas com urgência (UNESCO, 2003).

Dessa forma, tanto o Banco Mundial quanto as Nações Unidas, consideram que o princípio da cobrança pelo direito de uso da água, poderia ser uma medida indutora do seu uso mais racional, de combate aos desperdícios e degradação da sua qualidade, cujos níveis já alcançados nunca foram imaginados. Esses cenários vêm sendo estudados desde a década de 1980 pelos estrategistas do mercado global, que passaram a pressionar – por meio do FMI e Banco Mundial, principalmente – a criação de mecanismos que possibilitassem a cobrança, nos termos do usuário/pagador ou do poluidor/pagador, das águas dos rios, das nascentes, dos poços, das águas de reciclagem ou de reúso das águas.

É evidente que, nessa abordagem, as necessidades vitais de abastecimento do indivíduo deverão ser, preliminarmente, consideradas. No plano nacional estabelece-se que todo indivíduo terá direito a um consumo de 40 litros por dia per capita. Em termo internacional, a tendência é considerar 50 litros por dia per capita. Entretanto, se o indivíduo vai ter o benefício de uma rede coletora de esgotos, a experiência mostra que não se pode pensar numa taxa de consumo diário inferior a 100 litros *per capita* (Hespanhol, 2003).

De qualquer forma, o conceito de água como dádiva inesgotável da natureza e um bem da humanidade vem sendo modificado desde os anos 80. O bem comum passa, então, a ser tratado como mercadoria para consumo, com preço de mercado. Isso vem ocorrendo desde o momento em que os principais centros financeiros do mundo se deram conta de que a importância de uma nação passaria pela utilização mais eficiente da água, ou seja, como uma mercadoria.

O problema de abastecimento de água no Brasil não é devido a falta de água, mas ao quadro de pobreza endêmica que atinge a maior parte da sua população, a qual não pode pagar pelo serviço de captação, transporte, tratamento e distribuição da água limpa para beber. A mais importante arma contra a privatização dos serviços de saneamento é a eficiência, tanto no mundo quanto no Brasil. Em outras palavras, considerando que os investimentos públicos necessários foram realizados – tanto para construção de obras de captação, adutoras de transporte, estações de tratamento, quanto para implantação das redes de distribuição que atendem perto de 90% da população – conseguir que a água chegue regularmente na torneira de cada um e com qualidade garantida, são as metas que tanto atraem os grupos financeiros nacionais ou internacionais. Na maioria dos países do mundo, onde se tem a universalização da oferta de água – 90 % da população é abastecida e o serviço de coleta de esgotos atende cerca de 80% – as perdas totais de água, tais como vazamento físico das redes de distribuição e falta de faturamento por causa do roubo de água, principalmente, atingem coeficientes razoáveis de 5 a 15%. Por sua vez, pode-se beber a água que chega à torneira e as empresas de saneamento – oferta d'água, coleta e tratamento de esgotos, coleta e disposição adequada do lixo que se produz nas cidades, geralmente – são públicas.

6. A VISÃO SISTÊMICA NA GESTÃO INTEGRADA

Sistema pode ser definido como o elemento real ou virtual que apresenta uma zona de entrada que se relaciona com outra de saída por meio de uma zona de trânsito, onde processos determinísticos ou probabilísticos ocorrem, tanto físicos, quanto biológicos ou químicos. Em termos gerais, embora a ideia de sistema seja dos primórdios dos tempos primitivos, a visão da Terra formada por quatro sistemas operacionais só foi possível a partir da década de 1960, quando os primeiros astronautas viram o planeta do espaço.

OS ELEMENTOS OPERACIONAIS DA TERRA

Para efeito prático, a Terra é considerada um sistema constituído por quatro elementos operacionais ou esferas, tanto no sentido figurado quanto no literal: a litosfera, a hidrosfera, a atmosfera e a biosfera, principalmente. Entretanto, vive-se uma fase da história das nações em que é mais necessário do que nunca a coordenação entre ação política e responsabilidade social. Satisfazer com responsabilidade social os objetivos e as aspirações da humanidade requer ação ativa da Sociedade Civil Organizada ou do terceiro setor, devidamente acompanhado do apoio do segundo setor ou das empresas e estes dois, devidamente apoiados por regras claras e políticas públicas definidas e praticadas pelo primeiro setor ou pelos governos.

A deterioração ambiental, em geral, e da água, em particular, vista a princípio como um problema dos povos ricos e como um efeito colateral da riqueza industrial, tornou-se uma questão de sobrevivência para todos. A questão da água não admite exclusão e faz parte da espiral descendente do declínio econômico, social e ecológico em que muitas nações ricas e pobres se vêm enredadas.

Apesar de esperanças oficiais expressadas por todos, nenhuma das tendências hoje identificadas, nenhum programa ou política oferece qualquer esperança real de estreitar o fosso cada vez mais largo entre nações ricas e pobres. Talvez, nossa tarefa mais urgente hoje seja persuadir as nações da necessidade de um retorno ao diálogo: governos, empresas e sociedade civil organizada. O desafio é encontrar rumos para um desenvolvimento sustentável global – haja vista os progressos das comunicações – fornecer o ímpeto para uma busca renovada de soluções globais e de cooperação. Esses desafios se sobrepõem às distinções de soberania nacional, de estratégias limitadas de ganho econômico e de várias disciplinas científicas.

Muitas questões críticas de sobrevivência estão relacionadas com o desenvolvimento desigual, pobreza e aumento populacional. Todas elas impõem pressões sem precedentes sobre as águas, a terra, as florestas e outros recursos naturais do planeta. O fato de a interação entre essas diferentes esferas acontecer independentemente da vontade do ser humano, nunca foi assimilado devidamente até hoje. Em 1965, realizou-se em Washington a 1ª Conferência Mundial sobre os métodos de dessalinização da água, ressaltando-se a vulnerabilidade da espécie humana à escassez crescente de água-doce no planeta.

Paradoxalmente, os anos 1970 entraram pouco a pouco num clima de reação e isolamento, enquanto uma série de conferências da Organização das Nações Unidas (ONU) trazia esperanças de maior cooperação quanto às questões mais importantes, tais como meio ambiente. A 1ª Conferência das Nações Unidas sobre o Meio Ambiente Humano, ou Estocolmo-72, levou os países em desenvolvimento e os industrializados a traçarem, juntos, os "direitos" da família humana a um meio ambiente saudável e produtivo.

O direito universal de todo indivíduo à água limpa para beber foi objeto da 1ª Conferência Mundial sobre a Água Potável, realizada pelas Nações Unidas em Mar Del Plata, em 1977, cujo resultado mais promissor foi o "Decênio da Água Potável", 1980-1990. Várias reuniões desse tipo se sucederam: sobre os direitos das pessoas a uma alimentação adequada, ao acesso à água limpa de beber, a boas moradias, ao acesso aos meios de escolher o tamanho das famílias.

Logo, verifica-se que o ambiente e a água não existem como esferas desvinculadas das ações, ambições e necessidades humanas, de tal forma que tentar defendê-los sem levar em conta os problemas humanos seria dar à questão uma conotação de ingenuidade. Depois, verificou-se um retrocesso quanto às preocupações sociais. Chamou-se à atenção para problemas urgentes e complexos ligados à própria sobrevivência da humanidade: um planeta em processo de aquecimento, ameaças à camada de ozônio da Terra. Nesse quadro, o direito universal que todo indivíduo tem ao acesso à água limpa para beber torna-se cada vez mais complicado.

Todos esses fatos são uma realidade incontestável e difícil de negar. Como não se dispõe de respostas para questões tão fundamentais e sérias, a única alternativa é continuar tentando encontrá-las.

Partindo da perspectiva cósmica, a capa sólida mais externa e muito heterogênea da Terra constitui a litosfera. Esta forma, literalmente, uma esfera que envolve o seu manto e este o seu núcleo. Nos continentes, a litosfera tem entre 35 e 45 quilômetros de espessura e composição predominante de sílica e alumínio, constituindo o assim chamado "SIAL". No fundo dos oceanos, a litosfera tem apenas 5 quilômetros de espessura e composição basáltica predominante.

Os espaços vazios das rochas da litosfera – intersticiais ou fissurais – podem conter água que cai da atmosfera ou meteórica e infiltra, água conata ou de formação e água juvenil ou de consolidação do magma terrestre. Esses espaços vazios têm dimensões milimétricas, porém, ocorrem em grande número. Em termos práticos, as águas subterrâneas de origem meteórica são as mais importantes, porque constituem estoques que ocorrem até profundidades de 4.000 m (10,3 milhões de km^3), participam do ciclo hidrológico e apresentam boa qualidade para o consumo humano (Rebouças, 2002b).

Os espaços vazios das rochas podem conter água retida nos sedimentos desde as épocas da formação dos respectivos depósitos e são, por isso, também chamadas de "água de formação". As águas de formação representam um volume estimado em 53 milhões km^3 que ocorrem, regra geral, em profundidades superiores aos 4.000 m. Os teores de sólidos totais dissolvidos – STD – dessas águas são altos, seja porque foram herdados dos paleoambientes de formação dos depósitos, seja porque resultam dos longos períodos de interação água/rocha, seja porque são pouco recarregadas por águas mais recentes.

Finalmente, têm-se as águas de origem juvenil, as quais são liberadas pelos processos de solidificação das rochas da litosfera. Porém, as quantidades de águas de origem juvenil são consideradas pouco significativas quando comparadas àquelas geradas pelos processos meteorológicos. Em termos qualitativos, contudo, essas águas podem apresentar composição muito distinta das demais, constituindo, dessa forma, uma especificidade de grande valor comercial.

O manto se estende até 2.900 quilômetros de profundidade e tem composição dominante de silicatos de magnésio, teores de ferro, cálcio e alumínio muito pequenos, constitui o assim chamado "SIMA". Esse invólucro de rochas mais ou menos sólidas encerra o núcleo, o qual é constituído de rochas fundidas e relativamente mais densas.

Os dados geológicos disponíveis confirmam a teoria segundo a qual a litosfera é um sistema dinâmico formado por um conjunto de placas de diferentes tamanhos, as quais estão em movimento permanente, umas em relação às outras. Tectônica de Placas é o termo usado para designar os movimentos e deformações que se verificam de forma permanente em cada um dos pedaços que formam a litosfera do Planeta Terra (fig. 11).

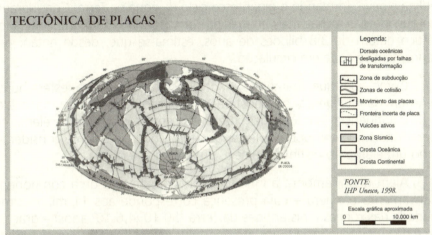

Fig. 11
A tectônica de placas da litosfera terrestre (Rebouças, 2002a).

O fato de 97,5% do volume total de água líquida da Terra – 1.386 milhões km³ – serem salgadas e como tal, inutilizável pelas pessoas, tanto para consumo quanto para desenvolvimento da maior parte de suas atividades socioeconômicas, tem sido utilizado desde os primórdios dos tempos primitivos até hoje, como uma prova da escassez de água na Terra. Entretanto, omitem-se nessa forma de abordagem os processos naturais de transformação das águas salgadas dos oceanos, principalmente, em água-doce – toda aquela que tem teor de sólidos totais dissolvidos – STD inferior a 1.000 mg/litro.

Embora a vida forme uma fina película em torno da Terra, da perspectiva cósmica esta também constitui uma esfera: a biosfera. Sabe-se hoje, que a água líquida é considerada essencial à vida, e esta não existiria na Terra sem as interações constantes que ocorrem entre a litosfera, a hidrosfera, a atmosfera, a luz e o calor que é irradiado pelo Sol.

Da perspectiva cósmica, a Terra aparece envolta por uma capa de gases, o único elemento operacional que é chamado normalmente de esfera: a atmosfera. A espessura dessa camada é de, em média, 15 km. Os processos de evaporação e transpiração da água, tanto nos oceanos – 503.000 km³/ano –

quanto nos continentes – 74.200 km³/ano – são movidos pela energia solar que atinge a Terra. Essa energia transforma a água líquida – salgada e doce – ou sólida da Terra em vapor, o qual sobe à atmosfera, onde resfria e forma as nuvens. À medida que essas massas de água crescem são atraídas pela força da gravidade – na razão direta das massas e na razão inversa do quadrado das distâncias – e voltam a cair nos oceanos e continentes na forma de chuva, neblina e neve, formando o gigantesco ciclo da água na Terra. Considerando que a idade das rochas mais antigas da Terra, formadas em ambiente subaquático datam de 3,8 bilhões de anos, estima-se que, desde então, pelo menos, tem-se água em circulação.

Como quer que chamemos – antroposfera, tecnosfera, esfera humana, esfera da inteligência ou noosfera – a atuação da espécie humana exerce uma influência tamanha nas interações entre os diferentes elementos operacionais que compõem a Terra, que tem sido conveniente considerá-la como um elemento distinto, ou seja, uma nova esfera.

Além disso, embora a influência do homem seja uma componente relativamente efêmera – cuja presença corresponde aos 11 milionésimos da idade das rochas mais antigas da Terra ($50.10^3/4,6.10^9$ anos) – graças à força da sua inteligência e aos atos por ela regidos, nos tornamos, ultimamente, capazes de influir, em nível nunca imaginado, no comportamento das diferentes esferas operacionais da Terra: a litosfera, a hidrosfera, a biosfera e atmosfera, principalmente. Entretanto, a minhoca, cujo nível de inteligência é considerado um dos mais baixos dos seres vivos da Terra, certamente, tem como sobreviver ao extermínio nuclear que a inteligência superior do homem será capaz de promover.

Uma angústia foi engendrada pela visão dos astronautas sobre a interdependência desses sistemas operacionais da Terra e da falta de poder da humanidade em interferir nos seus comportamentos. Dessa forma, tem-se terremotos, secas, enchentes ou furacões, por exemplo, cujos efeitos poderão ser catastróficos na humanidade, mas esta quase nada pode fazer para evitá-los. O máximo que se consegue é minimizar os seus efeitos, mediante a construção de obras adequadas e uma boa gestão do comportamento das populações.

Portanto, considerando que as demandas totais de água da humanidade em 2000 foram estimadas em 4.271 km³/ano – 2.585 km³/ano para irrigação de 271 milhões de hectares, em média 1.230 km³/ano pela indústria e 456 km³/ano para consumo doméstico – enquanto a descarga total média de longo período dos rios do mundo é de 43.000 m³/ano – 13.000 km³/ano a contribuição dos fluxos de água subterrânea – verifica-se que há água no mundo em quantidade suficiente para abastecimento de todas as necessidades da humanidade (Rebouças, 2002).

GESTÃO INTEGRADA DA ÁGUA E VISÃO SISTÊMICA

A gestão integrada das águas numa visão sistêmica significa melhorar a compreensão de que a gestão da água que flui pelos rios é muito diferente da gestão de bacia hidrográfica como unidade básica de planejamento. Nesse caso, é preciso considerar, além do *blue water flow*, as condições de uso e ocupação do binômio solo-água ou água que infiltra e dá suporte ao desenvolvimento da biomassa da bacia hidrográfica em apreço, *green water flow*, as águas subterrâneas ou *gray water flow* e os recursos hídricos não convencionais de reciclagem e o reúso, principalmente.

Os problemas da água do mundo e do Brasil são muito mais um problema físico do que financeiro, uma vez que nas vielas e becos onde mora a população mais pobre, muitas vezes não há espaço suficiente para passar uma rede de água ou coletora de esgotos ou um caminhão de coleta do lixo que se produz.

É necessário encontrar uma boa média entre as faixas de perspectivas ideológicas e econômicas, amplamente divergentes. É necessário encontrar respostas e novas formas de solidariedade por meio do estímulo e manutenção do diálogo global ativo em todos os níveis do setor primário ou de governo, secundário ou das empresas e terciário ou da sociedade civil organizada, por exemplo.

Primeiro, os problemas de falta d'água que ocorrem atualmente no mundo, e especialmente no Brasil, em particular, resultam da baixa eficiência no seu fornecimento, cujos índices de perdas totais variam entre 40 e 60% no Brasil. Além disso, verifica-se, local e ocasionalmente, má distribuição das precipitações que ocorrem na forma de chuva, neblina e neve; grandes desperdícios nos usos, degradação da sua qualidade em níveis nunca imaginados – tanto doméstico quanto agrícola e, sobretudo, falta de investimentos públicos em saneamento básico, considerando-se como tal: fornecimento regular de água, coleta e tratamento de esgotos domésticos e efluentes industriais, coleta e deposição adequada do lixo que se produz, por exemplo.

O Banco Mundial estima em cerca de 180 USD bilhões/ano a necessidade de investimentos, apenas dos países em desenvolvimento, até 2025 para fornecimento de água, coleta e tratamento de esgotos, pelo menos. Segundo dados obtidos no Banco Nacional de Desenvolvimento Econômico e Social (BNDES) e na Caixa Econômica Federal (CEF), o Brasil precisa investir mais de R$ 50 bilhões para em 10 anos universalizar os serviços de água e esgoto, e outros R$ 25 bilhões, pelo menos, para sanear o endividamento das empresas públicas de saneamento no Brasil.

Acredito que todos concordam que o setor necessita desesperadamente de mais investimentos e que a alternativa escolhida de solução deva se adaptar à realidade. Em outras palavras, a grande novidade nesse setor é acabar com a ideia de que todas as bacias hidrográficas, identificadas com Unidades Básicas de Planejamento, podem ter um gerenciamento regido por uma legislação única que, por natureza, não dá conta da complexidade de cada sistema em particular. Acredito que todos concordem que não existe dinheiro público suficiente para tornar realidade um investimento tão necessário.

Entretanto, até a Organização Mundial de Saúde (OMS, 2002), órgão das Nações Unidas, estima que de dez litros de esgotos domésticos produzidos nos países do Terceiro Mundo, nove são lançados nos rios sem tratamento. A OMS estima que cada dólar investido em saneamento básico representaria uma economia de 4 a 5 dólares nas despesas médicas. Torna-se, portanto, necessário dar a devida prioridade às políticas públicas de investimento.

7. CLASSES DE PAÍSES-MEMBROS DAS NAÇÕES UNIDAS

As Nações Unidas costumam fazer a classificação dos seus países membros, tendo por base a repartição das descargas médias de longo período de seus rios, pelas respectivas populações. Assim, os países são classificados em seis categorias: (i) muito pobres, ou seja, aqueles países com menos de 500 m³/ano *per capita* de água nos seus rios; (ii) pobres, são os países com potenciais de água fluindo pelos rios capazes de proporcionar entre 500 e 1.000 m³/ano *per capita;* (iii) regulares são os países com potenciais entre 1.000 e 2.000 m³/ano *per capita;* (iv) suficientes, são os países com potenciais de água fluindo nos seus rios entre 2.000 e 10.000 m³/ano *per capita;* (v) ricos, entre 10.000 e 100.000 m³/ano *per capita;* e (vi) muito ricos, os países em que a descarga média de longo período de seus rios proporciona mais de 100.000 m³/ano *per capita.*

Vale ressaltar que nessa classificação o Brasil – cujas descargas médias de longo período de seus rios (5.764 km³/ano) representa uma oferta da ordem de 34.000 m³/ano per capita (170 milhões de habitantes) – figura na classe dos países ricos de água. Entretanto, nessa classificação não se considera que 79% desses potenciais estão nas Regiões Hidrográficas do

Amazonas (73%) e Tocantins (6%), regiões onde as densidades de população são as mais baixas, respectivamente de 4% e de 2% (Rebouças et al, 2002a).

Assim, os profetas da "crise da água" logo argumentam que as águas no Brasil são abundantes, mas muito mal distribuídas. Todavia, ao se fazer uma contabilidade por Unidade da Federação – Estados e Distrito Federal – verifica-se que em nenhum caso se tem pobreza de água (fig. 12).

Fig. 12
As Regiões Hidrográficas do Brasil (ANA, 2002).

Outra maneira de classificar os países membros das Nações Unidas é considerá-los em termos de necessidade de gestão de suas águas. Assim, são considerados em situação muito confortável todos aqueles países ou Unidades da Federação cujas demandas totais de água – consumo doméstico, industrial e irrigação – são inferiores aos 5% das descargas médias de longo período de seus rios ou potenciais máximos.

Em situação confortável estariam todos aqueles países ou Unidades da Federação cujas demandas totais de água ficam entre 5 e 10% das descargas médias de longo período dos seus rios. Nesses casos, a experiência mostra que poderá haver problemas locais e ocasionais de escassez de água, sendo necessário, portanto, o desenvolvimento de tarefas de gestão.

Quando as demandas ficam entre 10 e 15% dos seus potenciais, a necessidade de gestão das águas no país ou Unidade da Federação é quase geral.

Quando as demandas ficam entre 15 e 20% dos respectivos potenciais, verifica-se uma necessidade generalizada de gestão da água.

Finalmente, quando as demandas são superiores a 20% das descargas médias de longo período dos rios do país ou Unidade da Federação em apreço, repartidas pelas respectivas populações, as necessidades de gestão das águas se tornam críticas.

Assim, com base nos dados do último censo de 2000, referentes aos 26 Estados e um Distrito Federal do Brasil, verifica-se que em cerca de 65% das Unidades da Federação a situação ainda é muito confortável e em mais cerca de 25% a situação é confortável. Em apenas cerca de 10% das Unidades da Federação do Brasil, a situação já é crítica, pois utilizam mais de 20% das descargas médias de longo período de seus rios (SRH-ANEEL, 1999).

A primeira crítica que se faz a essas sistemáticas globais vem do fato de que, para ter validade, o país ou Unidade da Federação tratada deveria ser homogêneo, tanto em termos de distribuição de água, quanto de população ou de demandas. Entretanto, os problemas de abastecimento de água no Brasil, em particular, são locais e resultam, fundamentalmente, de uma concentração desordenada das demandas, dos grandes desperdícios e degradação da sua qualidade em níveis nunca imaginados, tanto nas cidades quanto na agricultura, principalmente.

Dessa forma, é preciso ter cuidado no uso desses parâmetros. Vale ressaltar que a Agência Nacional de Águas – ANA (2002) – caracterizou como regiões muito pobres de água no Brasil bacias hidrográficas da Zona da Mata do Nordeste. Entretanto, a pluviometria média anual na zona costeira leste varia entre 2.000 e 3.000 mm/ano, os rios que drenam as bacias hidrográficas dessa área nunca secam, sobretudo, nos médios e baixos cursos, uma vez que apresentam uma das abundantes restituições das chuvas infiltradas no seu subsolo formado por espessos mantos de alteração das rochas, pelos tabuleiros arenosos do Grupo Barreiras (Terciário) e os terrenos sedimentares (Cretáceos).

O problema mais grave nessa área é que a esquistossomose é uma doença endêmica. Em termos hidrológicos, portanto, as bacias hidrográficas da zona úmida leste do Brasil são muito diferentes dos rios temporários do Nordeste semiárido.

"ESTRESSE HÍDRICO"

Outra forma muito usada para se ressaltar à má distribuição das águas no mundo tem tido por base o conceito do "estresse hídrico". Esse conceito, postulado por Marlin Falkenmark (1976), tem por base a análise das condições de abastecimento nos países membro das Nações Unidas, onde foi verificada que a disponibilidade de 1.000 m³/ano *per capita* de água nos seus rios seria suficiente para atender às necessidades mínimas de água para manter uma qualidade de vida adequada em regiões moderadamente desenvolvidas situadas em clima árido.

Assim, foi considerado que todos os países de clima árido e moderadamente desenvolvidos, cujas descargas médias de longo período nos respectivos cursos d'água são insuficientes para proporcionar um mínimo de 1.000 m³/ano *per capita*, apresentam-se em condições de estresse hídrico (fig. 13).

Fig. 13
"Estresse Hídrico" no Brasil (ANA, 2002).

Entretanto, o conceito de "estresse hídrico" tem sido utilizado de forma indiscriminada para caracterizar problemas de abastecimento em qualquer região climática da Terra, tal como no semiárido do Nordeste brasileiro, na sua Zona da Mata Atlântica e na Região Metropolitana de São Paulo – RMSP.

Basta lembrar que, na faixa úmida leste do Nordeste brasileiro ou Zona da Mata Atlântica, se caracterizou como região muito pobre de água bacias hidrográficas de rios perenes, onde o problema principal é a esquistossomose ser uma doença endêmica e no caso da RMSP, as maiores demandas de água são, essencialmente, para atender ao consumo doméstico e industrial, principalmente.

A experiência mostra que a oferta de água considerada como suficiente na Grande São Paulo, por exemplo, seria de apenas 100 m³/ano *per capita*. Ora, a quantidade média de água tratada (63 m³/s) e injetada na rede de distribuição da RMSP corresponde a uma taxa de consumo da ordem de 320 litros/dia *per capita* ou cerca de 107 m³/ano *per capita*, considerando-se que a população abastecida seja de 17 milhões de pessoas. Vale ressaltar que a vazão de projeto da rede de distribuição de água na RMSP é de 250 litros/dia *per capita* ou 91 m³/ano *per capita*. Assim, a quantidade de água tratada e injetada na rede de distribuição na RMSP seria mais do que suficiente para atender as demandas, caso o fornecimento fosse mais eficiente e menores fossem os desperdícios da água.

Contudo, verifica-se que o índice de perda total de água captada, tratada e injetada na rede de distribuição varia entre 30 e 40% (vazamento físico + perdas financeiras decorrentes das ligações clandestinas, roubos de água e tráfico de influência). Levando em conta que esses valores variam entre 5 – 15% em países relativamente desenvolvidos, considera-se que essas perdas na RMSP ainda são muito altas. Verifica-se que a população continua usando a gota d'água disponível com grande desperdício, como se ela fosse inesgotável. Destacam-se, por exemplo, os hábitos de varrer calçadas, pátios e carros com a mangueira, tomar banhos muito prolongados, utilizar bacias sanitárias que necessitam de 18 a 20 litros de água tratada por descarga, quando existem no mercado tipos mais econômicos, dentre outros maus hábitos.

Costuma-se cobrar da empresa de abastecimento maior eficiência na oferta da água e garantia da qualidade daquela que chega na torneira do usuário, como se fosse possível exigir da "raposa um comportamento ético para tomar conta do galinheiro".

Efetivamente, essa cobrança deveria ser endereçada ao órgão gestor estadual de recursos hídricos (Conselho Estadual de Recursos Hídricos ou similar), o qual está devidamente constituído e instalado.

Verifica-se um nítido progresso na percepção dos problemas da água no Brasil, tanto pelas autoridades, quanto pela sociedade em geral. Na prática, a sociedade, a mídia e até o meu técnico está incorporando ao vocabulário cotidiano palavras antes distantes, como falta d'água, rodízio, racionamento, preocupação com a contaminação e privatização. Vale salientar que a privatização aparece como uma ameaça permanente, contra a qual a arma mais poderosa – salvo melhor juízo – é o fornecimento e uso da gota d'água disponível cada vez mais eficiente, em termos de negócio.

Dessa forma, é preciso combater o crescimento desordenado das demandas nas cidades, os grandes desperdícios, a degradação da qualidade ambiental e da água, a falta de políticas públicas e de investimentos no setor.

O quadro negro que se apresenta é composto de todos esses problemas, pelo menos, mas o desfecho da história pode ser, no mínimo, menos trágico.

O "estresse hídrico" deverá ser sentido em 2025 em cerca de 33 países membros das Nações Unidas, omitindo-se que a escassez de água é um problema milenar na grande maioria desses países, sendo 17 situados na África, 12 na Ásia e Oriente Médio, 2 na América do Norte e Central, 1 na América do Sul e 1 na Europa.

Omite-se também que Israel, na classe dos países muito pobres de água, – terá apenas 310 m^3/ano per capita em 2025 – faz reúso de água, atualmente, de cerca de 70% dos esgotos domésticos na agricultura e no controle da interface marinha nos aquíferos, exporta tecnologia de como usar água cada vez mais eficiente e, juntamente com o Centro-Oeste Americano, por exemplo, constitui o maior polo de desenvolvimento econômico situado em zona do mundo com escassez milenar de água. Isso prova ser mais importante o uso inteligente da gota d'água disponível do que ostentar abundância ou escassez.

USO DOS RECURSOS NÃO CONVENCIONAIS DE ÁGUA

O grande desafio no uso da água no Brasil é mudar o tradicional extrativismo instalado desde o período colonial (1500-1822), para uma visão de rendimento ou de produtividade. Em outras palavras, deve-se transformar a visão de uso do capital, tal como recursos naturais e mão de obra barata, para uma preocupação maior com o seu rendimento, num conceito de desenvolvimento sustentável, conforme preconizado pelas Nações Unidas em 1987 (FGV, 1991).

Assim, os problemas de abastecimento de água numa determinada bacia hidrográfica compreendem, cada vez mais, uma avaliação das condições de uso e conservação de seus recursos hídricos não convencionais, tais como a umidade do solo que dá suporte ao desenvolvimento da sua exuberante biomassa, as águas subterrâneas e as águas de reúso.

Consequentemente, durante as últimas décadas do século passado e início deste século XXI, órgãos internacionais do porte das Nações Unidas e do Banco Mundial, têm insistido na necessidade de se refletir sobre o valor econômico da água, fator competitivo do mercado global. Assim, espera-se que órgãos brasileiros integrantes da Administração Centralizada do Ministério do Meio Ambiente – MMA, tais como a Secretaria de Recursos Hídricos, a Agência Nacional de Águas – ANA, órgãos das Unidades da Federação (Estados e Distrito Federal), políticos e empresas comecem a avaliar ser mais importante usar de forma inteligente a gota d'água disponível do que continuar ostentando sua abundância ou escassez.

A propósito, visto estar provado em escala mundial, ser o bolso a parte mais sensível do corpo humano, uma das recomendações das Nações Unidas e do Banco Mundial para reduzir o grande desperdício no uso da água – tanto nas cidades quanto na agricultura, principalmente – é considerá-la como uma mercadoria, com preço de mercado. Por outro lado, um número crescente de exemplos nos países industrializados, principalmente, mostra que utilizar a gota d'água disponível de forma cada vez mais eficiente é a alternativa mais barata contra os problemas de escassez atual ou futura.

Verificou-se que cobrar pelo direito de uso – segundo o conceito do usuário pagador e do poluidor pagador – é uma das providências necessárias e mais baratas, mais eficiente do que construir obras extraordinárias para garantir o abastecimento futuro. Além disso, tanto a cobrança quanto o pagamento pelo direito de uso da água, tem, quase sempre, duas componentes importantes: (i) é uma forma da empresa, ter mais água para produção, mormente, nas regiões onde esse recurso tende a se tornar escasso; (ii) tem um grande efeito de imagem no mercado, porquanto significa uma atitude politicamente correta em termos de desenvolvimento sustentável.

Desse modo, cresce o número de empresas que incorporam a responsabilidade social e os valores éticos como orientadores do conjunto de suas atividades, procurando minimizar os impactos negativos sociais, ambientais, em geral, e na água, particularmente, e multiplicar os efeitos positivos que seus negócios podem proporcionar.

Torna-se evidente, contudo, que a reversão do cenário crítico de falta d'água no Brasil não poderá ser alcançada meramente pela atenuação de conflitos de uso, de estabelecimento de prioridades ou de mecanismos de controle da oferta, tais como os de outorga e cobrança. Outros mecanismos de gestão integrada deverão ser implementados nacionalmente para estabelecer equilíbrio entre oferta e demanda de água. Além da necessidade de se desenvolver uma cultura e uma política de uso cada vez mais eficiente da gota d'água disponível e de conservação em todos os setores da sociedade, a gestão integrada constitui o mais moderno e eficaz instrumento em prol do desenvolvimento sustentável.

Nesse cenário, não há dúvida de que a utilização inteligente dos recursos hídricos não convencionais – captação de águas de chuva, águas subterrâneas e reúso de água, principalmente – constitui prática de imenso valor para diversas áreas do Brasil, tanto naquelas situadas em regiões semiáridas do Nordeste, quanto nas regiões metropolitanas e das grandes cidades. No Brasil, em particular, embora ostente as maiores descargas de água-doce do mundo nos seus rios, lutar pelo seu uso cada vez mais eficiente é lutar contra a pobreza, pela vida, pela saúde e pela comida para todos.

8. ARCABOUÇO LEGAL E INSTITUCIONAL VIGENTE

Há consenso internacional sobre as providências urgentes, consideradas quase todas no Brasil na Constituição Federal de 1988 e na Lei Federal nº 9.433/97, arcabouços legais e institucionais avançados e ambiciosos que instituíram a Política Nacional de Recursos Hídricos e criaram o Sistema Nacional de Gerenciamento de Recursos Hídricos, principalmente.

Fundamentalmente, a Lei de Direito de Água do Brasil é o Código de Águas, de 10 de julho de 1934, o qual, apesar de seus quase 70 anos de vigência, ainda é reputado pela Doutrina Jurídica como um dos textos modelares do Direito Positivo Brasileiro. Uma das alterações que a Constituição de 1988 introduziu, de acordo com o modelo que vigora nos países desenvolvidos, e que é digna de nota, foi a estabelecimento do domínio público para os corpos d'água do Brasil: (i) o domínio da União, para os rios ou lagos que banhem mais de uma unidade federada, ou que sirvam de fronteira entre essas unidades, ou entre o território do Brasil e o de país vizinho ou deste provenham ou para o mesmo se estendam; e (ii) o domínio das unidades federadas – Estados e Distrito Federal – para as águas superficiais ou subterrâneas, fluentes, emergentes e em depósito, ressalvadas, nesse caso, as decorrentes de obras da União.

Entretanto, as águas do domínio da União e das unidades federadas são interdependentes e indissociáveis no ciclo hidrológico. A simples consideração de dois domínios diferentes em termos de gestão mostra a grande dificuldade operacional que se tem para desenvolvimento dessa tarefa. Portanto, a gestão integrada das águas no Brasil, nos termos propugnados pela Constituição de 1988 ou pela Lei Federal nº 9.433/97, só será possível quando se estabelecer um entendimento permanente entre a União e as Unidades Federadas, por exemplo. Lamentavelmente, em função do "chauvinismo" tradicional dominante – tanto na administração federal quanto nas Unidades da Federação – essa etapa ainda parece muito longe de ser alcançada.

Quanto às águas subterrâneas, a Constituição Federal de 1988 definiu, pela primeira, o seu domínio. Trata-se de relevante disposição do arcabouço institucional vigente, à medida que sugere às unidades federadas a necessidade de se articularem, sobretudo, tendo em vista que as formações aquíferas mais importantes no Brasil são subjacentes a mais de uma.

No entanto, o que se tem verificado é o desenvolvimento, tanto federal quanto nas Unidades da Federação, da ideia tradicional de que a utilização da água subterrânea não é uma alternativa segura de abastecimento humano.

O escoamento básico dos rios constitui uma boa medida da taxa de recarga das reservas de água subterrânea da bacia ou região hidrográfica em apreço. Dessa forma, a sua extração desordenada atual poderá desviar fluxos que desaguariam nos rios, influenciar nas suas descargas mínimas, nos níveis d'água dos açudes, lagoas e pantanais, reduzir a umidade do solo que dá suporte ao desenvolvimento da exuberante cobertura vegetal natural ou cultivada e biodiversidade na bacia hidrográfica.

Assim, tanto no Brasil de rios perenes quanto no Nordeste semiárido de rios temporários, o uso inteligente da água disponível – nas cidades e na agricultura, principalmente – é a alternativa mais barata para solucionar os problemas atuais e futuros de escassez local e ocasional de água.

Não é de se admirar que as consultoras e construtoras tenham sido o setor mais forte de apoio às eleições. Contudo, o suporte proporcionado representa cerca de um milésimo do valor do orçamento anual para o setor. Não obstante, os planos de recursos hídricos no Brasil continuam sendo verdadeiros planos de obras, inclusive com transposição de águas de bacias hidrográficas vizinhas, quando seria mais barato e viável trazer energia hidrelétrica ou desenvolver as fontes energéticas alternativas já identificadas, como um melhor uso do gás natural, dos ventos e das altas taxas de insolação, por exemplo.

Mas a "estratégia da escassez de água" continua dando suporte a tradicional "política de bastidores", embora a relação demanda total atual de água (2.141 m³/s) e a descarga média de longo período dos rios do Brasil (182.633 m³/s) seja de apenas 1,2%, em termos médios – variando esses valores entre 0,2% na região hidrográfica do Amazonas e 8,9% na região hidrográfica do Nordeste semiárido (ANA, 2002). Portanto, em nenhuma região do Brasil se atinge níveis críticos de uso da gota d'água disponível.

O uso inteligente da água no Brasil significa fornecimento cada vez mais regular e pelo menor preço possível da água. Por sua vez, a gestão das demandas ou das formas de uso, implica que este deverá ser o mais eficiente possível.

No Brasil, esse uso inteligente da água nas cidades compreende os pontos seguintes: (i) os banhos serem cada vez mais rápidos; (ii) fechar a torneira enquanto escovam-se os dentes, atende-se ao telefone ou faz-se à barba; (iii) não varrer calçadas e pátios ou lavar carros com o jato da mangueira de água potável; (iv) não utilizar bacias sanitárias que exigem entre 18 e 20 litros por descarga, quando no mercado já existem modelos que necessitam de apenas 6 litros; (v) não utilizar torneiras e outros equipamentos sanitários obsoletos, por exemplo.

Na agricultura, principalmente, consideram-se imprescindíveis os pontos seguintes, sob pena de o Brasil perder o honroso primeiro lugar atual na produção de grãos: (i) usar de forma cada vez mais racional, tanto o solo quanto as águas das chuvas abundantes que ocorrem no território nacional; (ii) não utilizar métodos de irrigação reconhecidamente pouco eficientes, tais como o espalhamento superficial, o qual é usado, hoje, sobre cerca de 56% da área irrigada em nível nacional; (iii) considerar que o pivô central (19% da extensão total irrigada) e a aspersão convencional (18%) são também métodos pouco eficientes de irrigação e de uso intensivo de energia elétrica; (iv) alterar o espaçamento de culturas tradicionais agora irrigadas – como o algodão e o café – tal como ocorre no Estado de São Paulo, onde a viabilidade econômica da irrigação só é alcançada para café e algodão quando são plantados mais densos; (v) não utilizar água potável – subterrânea ou tratada, cloretada e até fluoretada – para irrigar gramados – públicos ou privados – nas cidades, lavar ruas e pátios, bem como realizar outras atividades que possam ser desenvolvidas com água de menor qualidade ou de reúso, por exemplo; (vi) produzir frutas e flores no Nordeste semiárido, principalmente, à medida que preço obtido no mercado local, nacional ou internacional, compense melhor os custos de produção. Com o dinheiro assim obtido se pode, então, adquirir alimentos cujos custos de produção são, relativamente, menores noutras áreas, inclusive os importados.

PRINCÍPIOS BÁSICOS PRINCIPAIS

No Brasil, a Lei Federal n° 9.433/97 proclama, com clareza, os princípios básicos da gestão integrada da gota d'água disponível que é praticada nos países desenvolvidos, principalmente.

O primeiro princípio da Lei Federal n° 9.433/97 é o da adoção da bacia hidrográfica como unidade de planejamento. Argumenta-se que se tendo os limites da bacia como o que define o perímetro da área a ser planejada, fica mais fácil fazer-se o confronto entre disponibilidades e demandas de água. Assim, a bacia hidrográfica é um sistema físico que define uma área de captação da água precipitada da atmosfera, demarcada por divisores de água ou cristas topográficas, onde toda água que flui nesta área converge para um único ponto de saída, o "exutório".

No entanto, a bacia hidrográfica, segundo o seu conceito holístico, não exclui levar em consideração os recursos d'água não convencionais, tais como os estocados nas cisternas – reservatórios de acumulação de água de chuva, principalmente, método muito utilizado no início dos tempos e pelos romanos – águas subterrâneas, umidade do solo que dá suporte ao desenvolvimento da biomassa natural ou cultivada, as perspectivas de reúso da água, as relações com as bacias hidrográficas adjacentes e o restante do território da unidade federada coberto apenas parcialmente.

O primeiro princípio da Lei Federal n° 9.433/97 é o da adoção da bacia hidrográfica como unidade de planejamento. Argumenta-se, então, que se tendo os limites da bacia como o que define o perímetro da área planejada, fica mais fácil fazer-se o confronto entre as disponibilidades e as demandas, essencial para o estabelecimento do balanço hídrico.

Entretanto, ao se considerar a bacia hidrográfica, o conceito holístico da abordagem impõe que se considere, além dos tradicionais recursos hídricos que fluem pelos rios ou o *blue water flow*, aqueles não convencionais, tais como as águas subterrâneas ou o *gray water flow*, o binômio solo-água ou o *green water flow*, as águas captadas das chuvas, as águas de reúso, principalmente, e sejam exigidas as condições de uso cada vez mais eficiente e conservação da gota d'água disponível.

O segundo princípio da referida Lei é o dos usos múltiplos da água. Trata-se de um dispositivo muito relevante, pois no Brasil, em particular, a tradição tem sido de só atribuir recurso hídrico àquele que flui pelos rios e de interesse do setor hidrelétrico. Nesse cenário, o setor hidrelétrico tem atuado como único agente do processo de gestão, ilustrando a clara assimetria de tratamento conferida pelo poder central, em detrimento das demais categorias usuárias da água, tais como abastecimento público, irrigação e transporte.

Desse modo, não foi outro fator senão as mudanças verificadas no mundo, e no Brasil, nas últimas décadas, principalmente – tanto no nível do governo quanto das empresas e da sociedade civil organizada – onde se verifica uma crescente adoção do conceito de responsabilidade social como ferramenta fundamental para gestão de negócios sustentáveis e competitivos. É cada vez maior o número de órgãos da administração e empresas que incorporam a responsabilidade social e os valores éticos como orientadores do conjunto de suas atividades, procurando minimizar os impactos negativos e multiplicar os efeitos positivos que seus negócios possam proporcionar.

O terceiro princípio é o do reconhecimento do valor econômico da água, fator fortemente indutor de seu uso mais racional e serve de base à instituição da cobrança pela utilização dos recursos hídricos, um dos instrumentos de política do setor. Nesse particular, uma das recomendações do Banco Mundial e da Organização das Nações Unidas (ONU) para reduzir o desperdício da água, tanto nas cidades quanto na agricultura, é tratá-la como uma mercadoria, com preço de mercado.

A Organização das Nações Unidas de Saúde (OMS) estima que mais da metade dos rios do mundo está poluída pelos despejos de esgotos domésticos, efluentes industriais e agrotóxicos que são lançados sem tratamento prévio. No Brasil, o último censo (IBGE, 2000) mostra que cerca de 64% das empresas de abastecimento d'água das cidades mais importantes e regiões metropolitanas não coletam, sequer, os esgotos domésticos que produzem. A Organização Mundial de Saúde (OMS, 2002) das Nações Unidas estima que nove de cada dez litros de esgoto no Terceiro Mundo são devolvidos à natureza, e aos rios, sem nenhum tipo de tratamento.

O quarto princípio é o da gestão descentralizada e participativa. A gestão descentralizada é, certamente, o princípio de mais difícil implementação no Brasil, porque significa perda de poder da teocracia ou do absolutismo feudal que aqui foi implantado durante o Período Colonial (1500-1822) e ainda é dominante até os tempos atuais.

Quanto à gestão participativa, constitui um método que enseja aos usuários, à sociedade civil organizada, às Organizações Não Governamentais (ONGs) e outros agentes interessados, a possibilidade de influenciar no processo da tomada de decisão sobre investimentos e outras formas de intervenção na bacia hidrográfica em apreço. Atualmente, esse processo enfrenta os preconceitos tradicionais dos representantes dos governos Federal, Estaduais e Municipais. Pelo fato de o primeiro setor deter a maior parte das informações disponíveis e comungar, com frequência, dos mesmos interesses do segundo setor, costuma desqualificar a sociedade civil organizada e outros agentes interessados, ou o terceiro setor. O terceiro setor embora possa ter ideias brilhantes, não tem recursos, organização financeira ou burocrática e é pouco sensível à grande diferença entre o possível e o desejado. Nesse grupo, a empresa ou o segundo setor tem a cultura da planilha de custos e da organização financeira e burocrática, podendo colaborar muito com a sociedade civil organizada ou o terceiro setor para buscar uma forma de fazer funcionar o Comitê de Bacia Hidrográfica. Dessa forma, o Comitê de Bacia Hidrográfica poderia superar a forma ambígua atual da sua atuação.

O quinto e último princípio da Lei Federal n° 9.433/97 estabelece que, em situações de escassez de água, o preceito Constitucional de 1988 deve ser seguido, o qual prioriza o abastecimento humano e a dessedentação de animais.

INSTRUMENTOS BÁSICOS PRINCIPAIS

Ainda são considerados aspectos relevantes da Lei Federal n° 9.433/97, o estabelecimento dos instrumentos de política para o setor. Pode-se afirmar que a aplicação desses instrumentos resulta no uso inteligente da água nos países mais desenvolvidos do mundo, os quais tendo dinheiro para ganhar mais dinheiro, têm liderado uma verdadeira revolução no planejamento e gestão da gota d'água disponível.

Um grande número de exemplos positivos mostra que se torna necessário considerar que a gestão integrada da água numa bacia hidrográfica significa, atualmente, mais solo, mais biomassa, mais qualidade de vida e maior produtividade com cada vez menos água e num ambiente sustentável. Portanto, deve-se ter como de fundamental importância além da oferta tradicional garantida de mais água, o seu uso cada vez mais eficiente.

O primeiro instrumento da Lei Federal n° 9.433/97 são os Planos de Recursos Hídricos – Federal e para cada uma das Unidades Federadas – que são o documento programático para o setor, considerando o espaço da bacia hidrográfica, unidade básica de gerenciamento dos recursos hídricos ou UGRHI. Trata-se não só de uma atualização das informações disponíveis que influenciam a tomada de decisão na bacia hidrográfica como unidade básica de planejamento, mas também procura definir a repartição da gota d'água disponível entre os diferentes usuários, considerando-se sempre um uso cada vez mais eficiente.

Lamentavelmente, os Planos de Recursos Hídricos já elaborados são verdadeiros planos de obras – de transposição de bacias hidrográficas vizinhas, de captação, adução e tratamento – bem ao gosto da tradicional ideia de que recurso hídrico é apenas a água que flui pelos rios e que a única solução para os problemas locais e ocasionais de escassez de água é o aumento da sua oferta. Pouco ou quase nada se faz para incutir a necessidade de se considerar um uso cada vez mais eficiente da gota d'água disponível.

O segundo instrumento definido pela Lei Federal n° 9.433/97 é o enquadramento dos corpos d'água em classes de usos preponderantes. Dessa forma, visa-se a estabelecer uma ligação entre a gestão indissociável da quantidade e da qualidade da água. Entretanto, o enquadramento dos corpos d'água carece de uma atualização urgente, pois já não será possível continuar com a filosofia da Resolução n° 20/86 do CONAMA, estabelecida quando não se tinha o conhecimento ambiental e a sensibilidade social atuais.

O Brasil está mudando, o conhecimento sobre o ambiente também, e vive-se um momento muito propício a essa nova postura. Por outro lado, os dirigentes das empresas querem e sabem que podem colaborar para uma sociedade melhor. Mais que isso, têm consciência de que alcançar esse objetivo também trará muitos benefícios para suas próprias organizações.

Nesse particular, não são raros os casos em que a introdução de práticas de uso e conservação da gota d'água disponível reduz para menos da metade os custos com a água na indústria e com seus efluentes líquidos. Dependendo do volume de água por unidade produzida, a economia pode representar um fator de considerável importância no aumento de produtividade de uma empresa.

A esse ganho econômico juntam-se dois outros: (i) de natureza operacional, à medida que a empresa acaba dispondo de uma fonte alternativa de abastecimento, de extrema importância, sobretudo, em regiões onde o fornecimento de água não é seguro ou onde a fonte própria da empresa está operando próxima do limite; (ii) outro ganho econômico está ligado à imagem da empresa, já que a prática sinaliza a preocupação de reduzir os impactos negativos no ambiente, em geral, e na água, em particular.

O terceiro instrumento é a Outorga de Direito de Uso dos Recursos Hídricos, mecanismo pelo qual o usuário recebe uma autorização, ou uma concessão, para fazer uso da água para fins econômicos. Todavia, o processo de outorga necessita considerar as diferentes alternativas de gestão integrada ou de obtenção de água na bacia hidrográfica em questão – superficiais, subterrâneas, captação de chuvas, umidade do solo que dá suporte ao desenvolvimento da biomassa, reúso de água, principalmente – às condições de uso e conservação julgadas mais adequadas, além dos níveis de produtividade que deverão ser alcançados, a critério do respectivo comitê.

O quarto instrumento é a Cobrança pelo uso da água, essencial para criar as condições de equilíbrio entre as forças da oferta (disponibilidade de água) e da demanda, promovendo, em consequência, o abastecimento das necessidades vitais do indivíduo (40-50 litros/dia *per capita*) e a harmonia entre os usuários competidores, ao mesmo tempo em que promove a redistribuição dos custos sociais, a melhoria da qualidade dos efluentes e esgotos domésticos lançados, a de ensejar a formação de fundos financeiros para as obras, programas e intervenções no setor. Aí surge uma das ambiguidades mais complicadas da legislação vigente: (i) pela Lei Federal n° 9.433/97, os recursos financeiros gerados da cobrança pelo direito de uso da água seriam, prioritariamente, aplicados na própria bacia hidrográfica pela Agência de Águas e conforme deliberação do respectivo Comitê de Bacia Hidrográfica, Unidade de Gestão. (ii) Entretanto, pela Lei Federal nº 9.984/00 foi criada a Agência Nacional de Águas – ANA, com o objetivo de gerenciar os recursos hídricos dos rios de domínio da União, bem como dos recursos financeiros gerados pela cobrança. (iii) Por sua vez, algumas Unidades da Federação determinaram a obrigatoriedade de aplicação dos recursos financeiros gerados pela cobrança do direito de uso da água, na própria bacia hidrográfica.

Verifica-se, assim, uma tendência de centralização, com a criação da ANA, daquilo que se pretendia descentralizar ao se criar as Agências de Água e os Comitês de Bacia Hidrográfica. Certamente, os advogados irão se debruçar sobre o problema cada vez que ele surgir. O que já se aprendeu nesse processo é que não se poderá ter uma única legislação de gestão da água numa bacia hidrográfica ou UGRHI.

O quinto instrumento da Lei Federal nº 9.433/97 é o Sistema Nacional de Informações sobre Recursos Hídricos, destinado a coletar, organizar, criticar e difundir a base de dados relativa aos recursos hídricos, seus usos, o balanço hídrico de cada bacia hidrográfica, unidade de planejamento, provendo aos gestores, usuários, sociedade civil e outros segmentos interessados nas informações necessárias ao processo decisório.

O sexto e último instrumento da Lei Federal nº 9.433/97 é a Compensação aos Municípios, indicativo da necessidade de ressarcimento a essas Unidades da Federação pela inundação de terras, quando da construção dos açudes e outras formas de uso e ocupação do meio físico por instalações ou infraestruturas específicas.

Considerando, contudo, que o município é a unidade político-administrativa responsável pelo uso e ocupação do solo – urbanização, desmatamento, por exemplo – fatores muito importantes na problemática da água, acredito que este deva integrar o comitê de bacia, como órgão máximo de gestão da bacia hidrográfica em questão.

COMITÊS DE BACIA HIDROGRÁFICA E AGÊNCIA DE ÁGUAS

Acredito que resolver os problemas de uso da água no mundo é muito mais que um desafio burocrático ou financeiro. É necessário, primeiro, encontrar uma média entre as faixas de perspectivas dogmáticas, ideológicas, econômicas, ambientais e sociais, amplamente divergentes. É necessário, segundo, encontrar respostas e novas formas de solidariedade por meio do estímulo e manutenção do diálogo global ativo em todos os níveis. Em terceiro lugar é necessário definir os compromissos sociais e econômicos para que a água seja tratada como uma conveniência, um bem de consumo ou econômico, enquanto se faz luz sobre as preocupações de privatização ou de se considerar a água como uma mercadoria, com preço no mercado.

Por fim, ressalta-se que a Lei Federal nº 9.433/97 estabeleceu um arcabouço institucional novo para gestão compartilhada da água. Entretanto, o uso prolongado do cachimbo entorta a boca. Assim, muito embora o arcabouço legal e institucional tenha tirado o cachimbo da boca de muita gente, o hábito do seu uso prolongado, acaba entortando a boca de forma quase permanente. Em outras palavras, a cultura tradicional de construção de obras extraordinárias, como única solução dos problemas locais e ocasionais de escassez de água, transforma os planos – federais e estaduais – de recursos hídricos em verdadeiros planos de obras.

Entretanto, tem-se o Conselho Nacional de Recursos Hídricos – CNRH, órgão mais elevado na hierarquia do Sistema Nacional de Recursos Hídricos em termos administrativos, ao qual cabe decidir sobre as grandes questões do setor, além de dirimir as contendas de maior vulto. A principal preocupação é que esse órgão venha a promover a centralização do problema, quando seria de esperar que fosse um instrumento fundamental de descentralização.

Os Comitês e Subcomitês de bacias hidrográficas formam um tipo de organização inteiramente novo na realidade institucional brasileira. Por um lado, representa uma perda de poder tradicional dos governos – central e estaduais ou dos seus tomadores de decisão – mas teme-se que não seja possível promover a devida descentralização política que se pretende com o Comitê de bacia hidrográfica como unidade básica de planejamento. Por sua vez, por ser o Comitê formado por representantes dos governos federal, estaduais e municipais, dos usuários da água e da sociedade civil organizada, é destinado a atuar como "parlamento das águas", posto que é o fórum de decisão no âmbito de cada bacia hidrográfica. A experiência tem mostrado uma tendência à desqualificação da parte mais fraca e desorganizada, a sociedade civil, a qual passa a ser manipulada e subjugada aos interesses das outras partes.

As Agências de Água representam, também, uma inovação trazida pela Lei Federal nº 9.433/97, para atuarem como secretarias executivas dos correspondentes comitês, e destinadas a gerir os recursos financeiros oriundos da cobrança pelo uso da água, exercitando a administração do sistema.

Entretanto, como fato relevante e novo no contexto do Sistema Nacional de Recursos Hídricos, tem-se a promulgação da Lei Federal nº 9.984, de 17 de julho de 2000, que criou a Agência Nacional de Águas – ANA, a quem cabe a implementação da Política Nacional de Recursos Hídricos, cuja reformulação ficará na alçada da Secretaria de Recursos Hídricos – SRH, esta última integrante do Núcleo Estratégico do Ministério do Meio Ambiente – MMA.

Lamentavelmente, tanto a Lei n° 9.433/97 quanto a Lei Federal n° 9.984/00, que criou a ANA, são leis propositadamente ambíguas. Provas dessas preocupações são as iniciativas centralizadoras da ANA, seja de ação junto aos usuários da água, compra de esgotos tratados, ou modelo centralizador de cobrança pelo uso da água bruta.

9. INSERÇÃO DAS ÁGUAS NÃO CONVENCIONAIS

No Brasil, as águas não convencionais são aquelas não inseridas no sistema nacional de gerenciamento de recursos hídricos, tais como água do solo, águas subterrâneas, águas de chuva captadas pelas cisternas, e reúso das águas. Além disso, o grande desafio, tanto da sociedade, quanto do seu meio técnico é mudar a ideia tradicional, historicamente adquirida, de que a única solução para os problemas locais e ocasionais de escassez de água é aumentar sua oferta, mediante a construção de obras extraordinárias para captação da água que flui pelos rios, ou do *blue water flow*.

Assim, por razões diversas, ainda não existem políticas públicas definidas para inserção das águas não convencionais no sistema nacional de gerenciamento de recursos hídricos, tais como as águas subterrâneas, reúso de água, captação de chuva em cisterna, e da necessidade de se dar um uso cada vez mais eficiente da gota d'água disponível.

A falta de conhecimento dos fatores geológicos, determinantes das condições de ocorrência das águas subterrâneas ou de fatores hidrogeológicos básicos tem sido a causa de muitos dos preconceitos tecnológicos no setor. Por exemplo, na região de Fortaleza, as águas subterrâneas ocorrem diferentemente daquelas da bacia do Texas, EUA. Mas em 1846, por exemplo, os perfuradores *Armstrong & Drillers*, do Texas, EUA, aqui vieram, garantindo por contrato à *Ceará Water Supply Company*, poços jorrantes em Fortaleza. Perfuraram três poços, os quais não resultaram ser jorrantes por razões geológicas, mas perderam o contrato e as perfuratrizes trazidas foram confiscadas.

Ainda hoje, muitas pessoas e até perfuradores argumentam que a complexidade do quadro geológico local foi a principal responsável pelos insucessos obtidos. Ou então, argumentam sobre a necessidade de se perfurar novos poços nas proximidades daqueles que secaram, como forma de resolver os problemas de abastecimento assim formados.

Entretanto, omite-se que muitas vezes o poço em apreço secou, devido à falta de manutenção e limpeza periódica que removesse as incrustações que se formaram e entupiram os respectivos filtros. Dessa forma, o poço secou porque as obras perderam a eficiência hidráulica de produção de água subterrânea e consequente aprofundamento do nível d'água do referido poço. Da mesma forma, a colocação de cascalho ou pré-filtro até a boca do furo, assim como a falta de cimentação adequada para formação de selos sanitários, acaba transformando o poço assim construído, em verdadeiro foco de contaminação da água subterrânea produzida.

Por sua vez, diz-se com frequência até no meio técnico especializado, que a maior importância das águas subterrâneas é para, tão somente, abastecer populações pobres das zonas de clima desértico, árido ou semiárido do mundo ou para solucionar preliminarmente problemas de abastecimento, enquanto se constrói a obra mais cara, tal como a barragem no rio, a adutora ou a estação de tratamento.

GESTÃO ATIVA DOS AQUÍFEROS

A gestão ativa dos aquíferos é um conceito moderno e de grande alcance econômico e social, à medida que considera as possibilidades de recomposição dos estoques de água e depuração que é proporcionada pelo verdadeiro reator biogeoquímico que é o subsolo de uma região em apreço (Detay, 1997).

Dentre os progressos alcançados pelas técnicas de construção dos poços de produção, de monitoramento ou de injeção, por exemplo, se destacam os perfis geofísicos – resistividade (R), potencial espontâneo (SP), raio gama (Gama Ray), perfil sônico, variação dos diâmetros de perfuração (caliper), dentre outros – cuja interpretação integrada permite uma adequada identificação dos terrenos atravessados e bom posicionamento dos filtros ou áreas de admissão de água nos poços perfurados.

Os métodos modernos de perfuração de poços, tais como os rotativos e pneumáticos, são mais rápidos e eficientes do que a tradicional percussão. Porém, mercê da grande velocidade de perfuração, já não se tem o tempo necessário para se fazer uma boa locação, tornando-se necessário quatro ou mais especialistas por equipamento, em lugar de se ter quatro ou mais equipamentos por geólogo, por exemplo. Os métodos modernos não fornecem uma boa amostragem do material atravessado para definição de um bom perfil geológico.

Dessa forma, quando se tem cachoeira de água caindo dos filtros situados acima dos respectivos níveis dinâmicos (ND), quando se tem a colocação dos crivos das bombas em frente a seções de filtros, tem-se, com frequência, fluxos turbulentos de entrada de água nos poços, águas turvas e produção de areia. Por sua vez, quando os registros de descarga da água dos poços se apresentam parcialmente fechados, são boas indicações de que as bombas instaladas não estão bem dimensionadas. Todos esses aspectos deverão ser considerados na gestão ativa dos aquíferos, de tal forma que esta constitui um desafio inédito à hidrogeologia clássica neste século XXI.

Outra tendência ainda muito frequente no meio técnico especializado em hidrologia de superfície é considerar como quantidade de água disponível nos aquíferos o equivalente da sua taxa de recarga natural, segundo o conceito do "Safe Yield" preconizado na década de 1920 (Meinzer, 1923). Porém, esse conceito tornou-se obsoleto, à medida que avançou a análise dos sistemas de fluxos nos aquíferos nas últimas décadas, do tipo *Regional Aquifer System Analysis* – RASA ou similar (Johnston, 1997).

Além disso, a abordagem do *Aquifer Storage Recovery* – ASR procura tirar partido das possibilidades de reconstituir as reservas de água subterrânea dos aquíferos que são, propriamente, os mais solicitados, bem como da sua característica de verdadeiro reator biogeoquímico. Vale destacar que a ASR vem sendo praticada nos países mais desenvolvidos, revelando-se altamente viável como forma de reciclagem ou de reúso das águas, sobretudo, a partir da década de 1990.

O método *Aquifer Storage Recovery* – ASR teve início nos Estados Unidos em 1976, progrediu na década de 1980 e se generalizou na década de 1990. Em 1995, as vazões médias de três instalações do tipo ASR indicam que a capacidade de estocagem dos aquíferos da área era de cerca de 4 milhões de m³, permitindo fazer face a demandas de água nos Estados Unidos de 30.000 até 380.000 m³ por dia. Em todos os casos, os custos de estocagem subterrânea pelo sistema ASR foram infinitamente menores, em relação àqueles de uma barragem convencional (Pyne, 1995).

Dessa forma, a capacidade de produção dos aquíferos é recuperada mediante métodos de recarga natural ou artificial com águas das enchentes dos rios ou induzida pelas formas de uso ou de reúso da água para controle da interface marinha, das descargas diretas dos fluxos subterrâneos nos oceanos, regularização das descargas de base dos rios, regularização dos níveis d'água dos açudes, conservação de santuários ecológicos, dentre outras funções importantes dos aquíferos.

Assim, a alternativa de abastecimento humano, principalmente, com o método ASR, por exemplo, tem se revelado a mais barata, seja porque esta pode ser captada próxima ao consumidor, seja porque acusa com grande atraso as irregularidades das precipitações que ocorrem na área na forma de chuva, neblina e neve, seja porque tem, em geral, qualidade natural adequada ao consumo humano, entre outros fatores. O crescente número de exemplos positivos proporcionados pelos países desenvolvidos, indica que o uso atual cada vez mais eficiente da gota d'água disponível é a solução mais barata para resolver problemas de abastecimento local e ocasional ou de escassez futura de água. Os casos de aplicação do método ASR, por exemplo, vem de encontro à ideia tradicional, historicamente estabelecida, de que a única solução para os problemas de escassez local e ocasional de água é a construção de obras extraordinárias de captação, adução ou de tratamento da água dos rios.

REÚSO DA ÁGUA

A Organização Mundial de Saúde estabelece alguns conceitos básicos que muito contribuem para o melhor entendimento do reúso da água (OMS, 1973):

• Reúso indireto ou não planejado, quando a água previamente usada e descartada na forma de esgoto nos rios e outros corpos d'água é utilizada novamente à jusante, de forma diluída, principalmente. Segundo alguns autores, tendo em vista, no Brasil, que as populações vivem rio a baixo reusando os esgotos lançados nos rios pelas populações que vivem rio a cima, esta forma de reúso seria, muito frequente entre nós.

Efetivamente, esta situação é tanto mais frequente, no Brasil, porque cerca de 64% das nossas empresas públicas de água não coletam, sequer, os esgotos domésticos que geram. A maior parte dos esgotos domésticos coletados são lançados nos rios e outros corpos d'água sem tratamento prévio, bem como aqueles não coletados desaguam nos rios ou açudes, os quais são captados para abastecimento da população que vive à jusante.

• Reúso direto ou planejado, isto é, quando se tem o reúso deliberado de esgoto doméstico ou industrial tratado em atividades específicas como irrigação, alimentação de torres de resfriamento de indústrias, lavagem de pátios com águas de menor qualidade, descarga de bacias sanitárias, por exemplo. O reúso direto ou planejado da água está se tornando cada dia mais frequente nas empresas, por duas razões econômicas principais: a primeira é de ordem operacional, porquanto com o reúso da água acaba-se dispondo de maiores quantidades para produção. A segunda razão diz respeito ao efeito imagem no mercado, pois a opção pelo reúso da água acaba caracterizando uma preocupação muito valorizada no mercado nacional e internacional, que é de se poluir menos o ambiente, em geral, e os rios, em particular, objetivos básicos do desenvolvimento sustentável;

• Reciclagem, quando o reúso da água se verifica internamente na mesma empresa, com o objetivo de economizar água (usuário/pagador) e reduzir os custos do controle da poluição de rios e do ambiente em geral (poluidor/pagador). Também aqui, tem crescido o número de empresas que adotam a reciclagem da água como fator operacional e de imagem muito importante, em termos econômicos.

Outros autores classificam o reúso da água em duas categorias: potável e não potável (Brega, 2003). A classificação adotada pela Associação Brasileira de Engenharia Sanitária e Ambiental (ABES, 1992) considera duas categorias: reúso potável direto e potável indireto. Assim, tem-se:

• Reúso potável direto, quando o esgoto recuperado por meio de tratamento avançado é diretamente reutilizado no sistema de água potável;

• Reúso potável indireto, quando após tratamento a água é disposta no manancial superficial ou subterrâneo para diluição, depuração natural e subsequente captação tratamento e finalmente utilização como água potável;

Sem sombra de dúvida, trata-se de uma metodologia muito cara, somente possível em países em desenvolvimento ou emergentes, onde o dinheiro é para gastar ou a cultura dominante é a única solução para os problemas de escassez local e ocasional de água, seja o aumento da oferta de água, mediante a construção de obras extraordinárias cada vez mais caras ou a utilização de métodos de tratamento cada vez mais complexos e caros. Fornecer água pelo menor custo possível e exigir que sua utilização seja feita da forma cada vez mais eficiente são premissas dos sistemas de abastecimento público nos países desenvolvidos. Certamente, não parece serem as premissas do setor de recursos hídricos no Brasil, em particular, onde ainda se tem os interesses da "política de bastidores" que se desenvolve entre os grupos interessados nos gabinetes indevassáveis e que dá suporte às "estratégias da escassez".

Ao contrário, nos países desenvolvidos, onde dinheiro é para ganhar mais dinheiro, o reúso não potável de água tem se desenvolvido muito, sobretudo, durante a última década do século passado, como alternativa mais barata para fins agrícolas, industriais, recreação, domésticos, aquicultura, recarga de aquíferos para controle da interface marinha e produção de água potável de poços, pelo método ASR, essencialmente.

Hoje, a Organização Mundial de saúde, recomenda o reúso de água só para fins não potáveis ou de uso potável indireto (Hespanhol, 2002).

10. MUDANÇAS CLIMÁTICAS GLOBAIS

Os registros geológicos indicam que o clima da Terra variou drasticamente durante os 4,6 bilhões de anos da sua história, indo do tipo desértico ao extremamente úmido ou frio. Durante o período glacial ou idade do gelo que se estendeu entre 100.000 e 10.000 anos a.C., houve um intenso resfriamento do clima da Terra. Nesse período, hordas humanas de caçadores e coletores de alimentos vieram se fixar nas partes mais quentes da Terra, tais como a Mesopotâmia dos rios Tigre e Eufrates, vale do Rio Amarelo, na China, do Rio Indo, no Paquistão. Alguns desses povos primitivos deram origem às civilizações ocidental e oriental, principalmente. Atualmente, vive-se num período interglacial, ou seja, de progressivo aquecimento.

MUDANÇA CLIMÁTICA GLOBAL: PROCESSO LENTO

Muito embora os registros geológicos indiquem que as quantidades de água na Terra permaneceram praticamente constantes por muitos milhões de anos, eles também indicam que as quantidades de água contidas em cada um dos grandes reservatórios da Terra variaram muito. Assim, durante a Idade do Gelo na Terra, que durou perto de 100.000 anos, teve-se a transferência da ordem de 47 milhões de km^3 de água dos oceanos para os continentes, quando se teve um crescimento inusitado das calotas polares. Como resultado, os registros geológicos disponíveis indicam que houve um rebaixamento do nível d'água dos oceanos e mares da ordem de 130 m (Berner & Berner, 1987). O que mais preocupa na mudança climática global é que esse processo é muito lento, enquanto têm-se problemas relativamente mais urgentes e que evoluem num espaço de tempo muito mais curto.

Ultimamente, verifica-se um crescimento inusitado dos teores de dióxido de carbono (CO_2), metano (CH_4), compostos de clorofluorcarbono (CFCs), óxido nitroso (N_2O), ozônio (O_3) e outros gases na baixa atmosfera ou troposfera, os quais têm uma tendência de aquecimento global, ou o efeito estufa. Entretanto, por mais catastrófico que possa ser o crescimento inusitado dos teores desses gases na baixa atmosfera da Terra, o qual está sendo relacionado ao das atividades humanas industriais, agrícolas, de corte e queima das florestas, trata-se de um processo muito lento. E, como se tem muitos outros problemas para resolver no curto e médio prazo, os processos de mudanças climáticas globais perdem em muito da sua periculosidade.

Existe um forte consenso científico de que, se as tendências de crescimento dos teores desses gases do efeito estufa continuarem, haverá um progressivo aquecimento da atmosfera, com drásticas consequências para a humanidade na Terra. Porém, tanto as temperaturas que serão atingidas quanto o ritmo desse aquecimento global ainda são aspectos pouco conhecidos, bem como muitas das consequências sobre o clima futuro da Terra.

IMPACTOS NA ATMOSFERA DA TERRA

Os impactos na atmosfera da Terra são, especialmente, decorrentes da elevação da temperatura. Contudo, os efeitos desse aquecimento global ainda são pouco conhecidos, porque os modelos matemáticos do clima não podem predizer com segurança as mudanças climáticas regionais. Não obstante, considera-se que os efeitos de um aquecimento global durante a segunda metade do século XXI incluem a subida do nível dos mares em cerca de 30 centímetros, mudanças nas correntes marinhas e ventos, acumulação de neve e gelo nas calotas polares, aumento da frequência das tempestades, extensão das epidemias e outros processos que afetam a saúde das pessoas; alteração dos padrões de precipitações atmosféricas – chuva, neblina e neve, principalmente; alterações das terras encharcadas, pantanais, florestas e noutros ecossistemas naturais; disponibilidades das águas-doces, dentre outros aspectos.

Sabe-se que a temperatura da atmosfera que torna a vida possível na Terra é determinada pelo balanço entre as taxas da radiação solar que atinge a Terra e as taxas da radiação infravermelha que volta ao espaço. Dessa forma, espera-se um aquecimento global elevando as temperaturas da atmosfera, devido ao progressivo crescimento dos gases do efeito estufa. Assim, espera-se que os oceanos possam retardar os seus efeitos, estabelecendo um novo equilíbrio durante várias décadas.

Portanto, não é possível, atualmente, se fazer uma previsão precisa dos efeitos da mudança global nos climas da Terra. Grosso modo, pode-se esperar uma sensível expansão da faixa de clima tropical e redução das faixas ocupadas, pela agricultura de clima temperado. Esse fato é por demais preocupante em termos de produção de alimentos, tendo em vista que os países de clima temperado correm o risco de perder a hegemonia agrícola para os países da faixa tropical. Basta lembrar que o potencial de produção natural de biomassa da zona tropical é estimado em mais de 40 t/ano por hectare, contra apenas 10-12 t/ano por hectare nas zonas de clima temperado. Além disso, o processo de aquecimento global deverá ocasionar a subida do nível dos mares, elevando os custos das obras de proteção em muitas cidades costeiras, que são relativamente mais ricas e importantes nos países tradicionais de clima temperado.

IMPACTOS NAS ÁGUAS DA TERRA

Maiores temperaturas na atmosfera da Terra significam mais potencial de evaporação e, consequentemente, maiores quantidades de precipitações na forma de chuva, neblina e neve. Estimou a UNESCO, em 2003, que em termos hidrológicos, a mudança climática global tão anunciada será responsável por aproximadamente 20% do aumento da precipitação nas regiões já ricas por esse elemento ou de redução equivalente naquelas onde à disponibilidade de água já é relativamente escassa.

Em outras palavras, as irregularidades de ocorrência das precipitações – chuva, neblina e neve, principalmente – é que serão especialmente afetadas, provavelmente, havendo mais chuvas nas áreas úmidas, enquanto em regiões mais propícias a secas e até mesmo em algumas regiões tropicais e subtropicais, as precipitações poderão ser muito mais irregulares. Por sua vez, a qualidade da água deverá piorar devido ao aumento dos níveis de poluição e da temperatura das águas. Porém, o que mais preocupa a população do mundo desenvolvido, principalmente, é o crescimento da faixa de clima tropical na Terra e consequente processo de deslocamento da produção agrícola para áreas inusitadas ou regiões sem tradição.

PRODUÇÃO DE CO_2 DOS PAÍSES

Considerando os dados dos 50 países membro das Nações Unidas, cuja capacidade de aquecimento representa 92% do total mundial, verifica-se que o dióxido de carbono (CO_2) representa mais da metade, seguindo-se os compostos CFCs (11 e 12), 20% e metano (CH_4), 16%. Portanto, para os três gases mais importantes do efeito estufa, tem-se que o dióxido de carbono (CO_2) é o mais poderoso e o mais abundantemente produzido pela queima de combustíveis fósseis, seguindo-se a produção industrial dos CFCs e do gás metano (CH_4), cuja abundância depende, sobretudo, da utilização de adubos orgânicos na agricultura e putrefação de matéria orgânica em meio aquoso, tal como ocorre na China, principalmente.

No Brasil, as "queimadas" são, certamente, fontes importantes de produção de dióxido de carbono (CO_2). Grande produção de gás metano (CH_4) é formada pelo afogamento de exuberante vegetação pelos lagos das hidrelétricas. Além disso, os gases expelidos pelos grandes rebanhos do Brasil, por exemplo, são fontes importantes de produção de metano, que se transforma em CO_2.

A China seria outro importante produtor de metano, mormente, tendo-se em conta as extensas plantações de arroz e o grande consumo de adubos orgânicos na agricultura. Por essas e outras razões, países desenvolvidos como os Estados Unidos não aderem ao protocolo do clima. Além disso, para proteção dos seus mercados, barreiras diversas são levantadas pelos países europeus e norte-americanos à importação de produtos agrícolas oriundos dos países em desenvolvimento do sul.

Para esses três gases foi possível estimar as emissões anuais. Em 1987, por exemplo, as atividades humanas liberaram cerca de 8,5 bilhões de toneladas métricas de CO_2, 255 milhões de toneladas métricas de metano (CH_4) e mais de 770.000 t métricas de compostos de CFCs (11 e 12). Esses gases são responsáveis por cerca de 86% do aquecimento global que é atribuído às atividades humanas. Contudo, estima-se que a maior parte do CO_2, por exemplo, é reciclada na Terra pelos processos geológicos e pela fotossíntese.

Tabela 3 – Os 10 países com maiores emissões de gases do efeito estufa (1987)

Países	Classe	(CO_2)	(CH_4)	CFCs	Total Cont.	%
EUA	1	540.000	130.000	350.000	1.000.000	17,6
Rússia	2	450.000	60.000	180.000	690.000	12,0
Brasil	3	560.000	26.000	16.000	610.000	10,5
China	4	260.000	90.000	32.000	380.000	6,6
Índia	5	130.000	98.000	700	230.000	3,9
Alemanha	6	118.000	10.100	95.000	222.000	3,9
Japão	7	110.000	12.000	100.000	220.000	3,9
Inglaterra	8	69.000	14.000	71.000	150.000	2,7
Indonésia	9	110.000	19.000	9.500	140.000	2,4
França	10	41.000	13.000	69.000	120.000	2,1

Fonte: Adap. do Chapter 24, "Atmosphere and Climate" Table 24. *Encyclopedia of Climatology, Encyclopedia of Earth Sciences Series*, New York, V. 11, pp. 463-4, 1987.

QUARTA PARTE

11. ESTUDO DE CASOS

AQUÍFERO OGALLALA

Os arenitos e folhelhos da *Great Plains* têm uma extensão de 440.000 km² e foram formados no Período Cretáceo. Esses depósitos acham-se parcialmente cobertos por areias e cascalhos sobre cerca de 75.000 km², os quais foram formados sob condições de clima frio, durante a Grande Idade do Gelo que atingiu a região no Cenozoico. Atualmente, esses depósitos ocorrem sob oito Estados do Centro-Oeste Americano, região de mais de três milhões de km² de área, onde se tem a maior economia já desenvolvida no mundo num meio de clima árido com coração desértico.

O bombeamento das águas do aquífero Ogallala fez as profundidades dos poços passarem dos 30 metros há quarenta anos, para mais de 100 metros, atualmente. Esse aprofundamento significa maiores custos de produção da água para desenvolvimento das atividades agrícolas, principalmente. Entretanto, a inviabilidade econômica dessa produção decorre, sobretudo, da ideia de que, ao se bombear livremente poços, açudes ou rios, a água é abundante e gratuita. Como decorrência, tem-se na região o emprego de métodos obsoletos de irrigação, cujas perdas de água – estimadas em mais de 50% do volume ofertado – nunca foram, sequer, questionadas. Vale salientar que a FAO estima que cerca de 70% do volume de água ofertado aos perímetros irrigados no mundo se perde por evaporação, principalmente, ou por percolação. Dessa forma, verifica-se que, com a redução de 10% das quantidades de água destinadas à irrigação (2.585 km³/ano) já seria possível abastecer metade da população mundial, cujo consumo era estimado, no ano 2000, em 456,5 km³/ano.

No entanto, se esse problema tivesse sido apresentado até duas décadas passadas do 2° Milênio, a lógica das grandes obras, das empreiteiras, das corporações técnicas ou dos políticos que sobreviveram manipulando a crise da água no mundo, a solução dada seria aumentar a oferta de água. A partir da última década do 2° Milênio, todavia, o aumento de produtividade com o uso de cada vez menos água é a alternativa mais barata nos países desenvolvidos, principalmente. Nesse caso, o fazendeiro entendeu que o uso cada vez mais eficiente da gota d'água disponível era a alternativa mais barata.

Assim, para reduzir os custos de produção da água e consequentemente, as taxas de bombeamento dos poços, os fazendeiros tiveram que substituir os métodos tradicionais de irrigação, bem como as formas de plantio das culturas tradicionais. Dessa forma, a gestão da escassez de água na região significou uso cada vez mais eficiente da gota d'água disponível, mediante a mudança dos métodos de irrigação e das condições de uso e ocupação da terra.

Também, foi pedido aos fazendeiros que adotassem medidas de conservação e de reúso da água, destacando-se sua proteção contra as grandes perdas por evaporação intensa na região, realização de recarga artificial pelo método *Aquifer Storage Recovery*-ASR, principalmente, adoção de práticas de reciclagem e de reúso de água de esgotos domésticos na agricultura, considerando o manual publicado pelo serviço de saúde pública da Califórnia desde 1918.

Atualmente, verifica-se, em decorrência, uma sensível redução nas taxas de bombeamento dos poços e, consequentemente dos custos das atividades agrícolas na área. No geral, os agricultores passaram a ter três benefícios muito importantes: 1 – o uso cada vez mais eficiente da gota d'água disponível resultou em maior disponibilidade numa região de escassez natural; 2 – a maior produtividade das culturas tornou os custos de produção viáveis no mercado; e 3 – o efeito imagem positiva das práticas de reúso não potável de água na agricultura.

AS VARIADAS FUNÇÕES DOS AQUÍFEROS NOS ESTADOS UNIDOS

O Serviço Geológico dos Estados Unidos (USGS) estimou que, nas décadas de 1970 e 1980, a extração de água subterrânea naquele país foi da ordem de 3.900 m³/s e que, dessa quantidade, cerca de 50% provinham de 11 sistemas aquíferos regionais. A aplicação de modelos matemáticos do tipo *Regional Aquifer Systems Analysis* – RASA, mostrou que as taxas de recarga natural – *Predevelopment recharge rate* (m³/s) – variaram muito nas 11 bacias hidrogeológicas analisadas (Johnston, 1997).

Regra geral, verifica-se que os volumes de água extraídos dos 11 sistemas aquíferos regionais são muito superiores às respectivas taxas de recarga natural – *Predevelopment recharge rate* (m³/s) – tornando assim obsoleto o conceito de *safe yield*. Segundo esse conceito preconizado por Meinzer, 1923, e adotado no mundo, em geral, e no Brasil, em particular, não se poderia extrair de um aquífero mais do que sua taxa de recarga natural.

Todavia, o RASA mostrou, por exemplo, que na fase de pré-desenvolvimento a taxa de recarga das águas subterrâneas armazenadas na sequência rítmica de areias, siltes e argilas de idade Cenozoica do Vale

Central São Joaquim-Califórnia (52.000 km²), era de 78 m³/s, enquanto a produção dos poços no período de 1961-1977 foi de 446 m³/s. Nos sistemas aquíferos da *Great Plains*, a recarga na fase de pré-desenvolvimento era de 10 m³/s, enquanto a produção dos poços no período 1970-80 atingia 26 m³/s e a extração das reservas permanentes era de 7 m³/s. Já na *High Plains*, mais propriamente no sistema aquífero Ogallala, a taxa de recarga na fase de pré-desenvolvimento atingia 8 m³/s, enquanto a quantidade de água extraída pelos poços era de 167 m³/s, e a parcela de água extraída das reservas permanentes (*aquifer storage*) era de 110 m³/s.

Entretanto, o progressivo aprofundamento dos níveis de água nos poços, produzido pela excessiva extração de água durante os anos de seca, já era assinalado como não preocupante, devido à sua recuperação durante dois ou mais anos de pluviometria normal (Ambroggi, 1978).

Assim, a aplicação do modelo RASA serviu para caracterizar a origem das águas bombeadas pelos poços dos sistemas aquíferos regionais dos Estados Unidos, revelando que a gestão integrada da gota d'água disponível engendra substancial alteração nos fluxos subterrâneos em todas as 11 bacias hidrogeológicas analisadas. Em nove dessas onze unidades, as maiores vazões dos poços teriam sido possíveis devido aos incrementos das taxas de infiltração natural das águas nas áreas de afloramento dos aquíferos e infiltrações induzidas através das camadas confinantes deles pelos processos de redução de pressões nos aquíferos confinados.

Outra parcela da vazão nos poços é atribuída aos processos de recarga artificial dos aquíferos – infiltração de esgotos tratados para controle da penetração da interface marinha neles, principalmente, e maior percolação nos perímetros de irrigação. Em apenas dois sistemas aquíferos parece que o maior incremento das vazões dos poços resultou da redução das descargas de fontes, vazões de base dos rios e infiltração induzida de sistemas aquíferos vizinhos. Verificou-se que a gestão integrada da gota d'água disponível numa bacia hidrográfica é fonte importante de incremento da sua disponibilidade e que o aquífero poderá desempenhar funções de reator biogeoquímico, natural nos processos de tratamento ou de reúso da água, além da produção tradicional.

O PREÇO DA ÁGUA GRATUITA

A limitação no consumo de energia elétrica ou o "apagão", recentemente imposta no Brasil, serviu para mostrar que no vale do rio Jaguaribe-Ceará, por exemplo, a cota de energia disponível não era suficiente para bombear livremente água de rios, açudes ou de poços para irrigar 12.000 hectares de culturas tradicionais. Além disso, verificou-se que os métodos de irrigação utilizados sobre cerca de 93% dos 3 milhões de hectares no Brasil, tais como o espalhamento superficial (56%), pivô central (19%) e aspersão convencional (18%), não eram os mais eficientes. Por sua vez, os dois últimos métodos apresentavam um consumo intensivo de energia elétrica para pressurização.

Dessa forma, o "apagão" serviu para mostrar que, quando se bombeia livremente de um rio, açude ou de um poço, a água extraída não é gratuita, mas tem um preço que corresponde ao custo do consumo de energia elétrica de bombeamento, pelo menos.

Viu-se, portanto, que se tornava necessário usar de forma cada vez mais eficiente à gota d'água disponível. Para tanto, a orientação do Banco do Nordeste (BN, 1999) para desenvolvimento da agricultura irrigada na região indica que as culturas economicamente mais viáveis são as frutíferas, cuja eficiência (USD/m³ de água) é, em geral, superior a 1 USD.

O consumo de água de até 5.000 m³/ano por hectare ou 0,1 l/s é considerado pelo agronegócio como ótimo; o bom ficaria entre 5.000 e 7.000 m³/ano por hectare, ou 0,1 e 0,2 l/s; o limite entre 7.000 e 10.000, ou 0,2 e 0,3 l/s e acima de 10.000 m³/ano por hectare, ou 0,3 l/s seria um consumo crítico. Esses valores contrastam, certamente, com o critério de outorga das águas de domínio da União, que considera como normal o consumo de 1 a 2 l/s por hectare, ou seja, valores de 10 a 20 vezes maiores do que os do mercado.

O uso cada vez mais eficiente da gota d'água disponível e substituição de atividades agrícolas com alto consumo de água, por exemplo, por culturas que consomem menos água, poderá ser a solução ao problema de escassez local e ocasional de água no Nordeste, sobretudo, nos anos de seca.

Por sua vez, as secas não devem ser vistas como catástrofes, mas como oportunidades, na medida em que, nesses anos, se torna possível a gestão da gota d'água disponível para obtenção de maior produtividade agrícola, além de gerar mais benefícios ambientais, sociais e econômicos.

MERCADO DE FLORES

A Secretaria de Agricultura Irrigada do Ceará (SEAGRI, 2001) afirma que a implantação do cultivo de rosas para exportação no Estado inaugurou um novo setor altamente promissor de desenvolvimento no Nordeste. De acordo com informações disponíveis, a produção de flores e plantas no Ceará cresceu 38% no ano de 2001, gerando um total de 9,2 hectares novos plantados. Essa evolução mostra que o setor representa um grande potencial, haja vista que a produção de flores é sete vezes maior do que a de frutas, carro-chefe da agricultura irrigada na bacia do Rio São Francisco, por exemplo. A Secretaria de Agricultura Irrigada do Ceará relata, ainda, que a produtividade da irrigação localizada com uso de estufas é de até 200 unidades/m² por ano, superior, portanto, a brasileira de 150 unidades/m² ao ano e maior do que a da Colômbia – segundo maior exportador de flores do mundo, depois da Holanda – onde se colhe 90 unidades/m² por ano, em média. Pode-se dizer que os climas de altitude formam um arquipélago de zonas úmidas dentro do contexto semiárido no Nordeste, os quais são como uma espécie de estufa natural para produção de flores, por exemplo.

IRRIGAÇÃO NO ESTADO DE SÃO PAULO

A versão de 2001 do Plano Estadual de Recursos Hídricos, ainda em discussão na sua Assembleia Legislativa, relata que a irrigação só é viável no Estado de São Paulo, quando praticada com a preocupação de maior produtividade e uso cada vez mais eficiente da gota d'água disponível. De outra forma, os métodos tradicionais de irrigação utilizados nos quase 3 milhões de hectares irrigados no Brasil em geral – espalhamento superficial (56%), pivô central (19%) e aspersão convencional (18%) – só teriam uma certa viabilidade com a mudança das culturas tradicionais, tais como café, cana-de-açúcar, milho, por exemplo, ou quando essas forem plantadas de forma mais densa. Acrescente-se que, nas áreas urbanas, em particular na Unidade de Gerenciamento de Recursos Hídricos – UGRHI n° 6 – Bacia Hidrográfica do Alto Tietê, região que compreende, praticamente, a Região Metropolitana da Grande São Paulo, por exemplo, a produção de hortifrutigranjeiros será tanto mais viável nessa área, em termos econômicos, quanto se fizer a utilização de águas de menor qualidade, e de reúso não potável dos esgotos tratados, principalmente, reservando-se as águas de melhor qualidade – tanto superficiais quanto subterrâneas – ao consumo humano.

RIOS INTERNACIONAIS E CRISE DA ÁGUA

Todo dia surgem rumores a respeito de guerras iminentes em razão da escassez de água no mundo. Mas uma análise sobre a situação dos dados referentes aos últimos 50 anos do Programa Hidrológico Internacional (UNESCO/PHI, 2003) indica o contrário.

Primeiro, a escassez de água é um problema milenar em cerca de ¹/₃ dos países membro das Nações Unidas. No entanto, não é nesses países que se tem os melhores exemplos de uso cada vez mais eficiente da gota d'água disponível.

Segundo, à medida que a demanda de água no mundo cresce num ritmo mais acelerado do que a população, a preocupação de muitos povos é com o uso cada vez mais eficiente ou inteligente da gota d'água disponível, mas existem poucas evidências de que tais situações possam estourar e se converter em guerras pela água.

Um relatório da UNESCO assinala que do total de 1.831 interações relacionadas com a água, cerca de 67% ou a grande maioria, 1.228 foram convertidas em ações de cooperação. Tais interações resultaram na assinatura de aproximadamente 200 tratados para uso conjunto da água e a construção de novas represas. De um total de 507 conflitos, houve violência em somente 37 deles, ou seja, em cerca de 7%, sendo que 21 envolveram operações militares (18 dos quais ocorreram entre Israel e países vizinhos). Alguns dos países que se proclamam inimigos com mais veemência em todo o mundo, já negociaram ou estão negociando acordos em relação aos rios internacionais.

Existem 261 bacias hidrográficas internacionais, envolvendo 145 nações membro das Nações Unidas. Aproximadamente, em 33% desse total os interesses são divididos entre mais de dois países e 19 ou 7% delas envolvem interesses de cinco ou mais países. Nesses casos, verifica-se que muita atenção é dada às águas que fluem visíveis pelos rios ou *blue water flow* (43.000 km³/ano), enquanto as demandas mundiais totais de água – 70% para irrigação, 20% para indústrias e 10% doméstico – são estimadas em cerca de 5.000 km³/ano, ou em torno de 12%. Assim, plagiando Mahatma Gandhi (1869-1948), reverenciado pelo povo da Índia como o pai de sua pátria: "Há água no mundo para todas as necessidades da humanidade, mas não o suficiente para satisfazer a ganância de uns poucos".

Além disso, os dirigentes de vários países que partilham bacias hidrográficas internacionais, sequer sabem que dividem aquíferos com outros países. As reservas de água desses aquíferos são muito grandes (10,3 milhões km³), em geral, de boa qualidade e as quantidades que desaguam de forma invisível nos rios, contribuem para as suas descargas de base. Estas são estimadas da ordem de 13.000 km³/ano, ou seja, a extração de menos de 40% das taxas anuais de recarga das águas subterrâneas seria suficiente para atender a demanda de água de toda a humanidade.

Os progressos verificados nas últimas décadas do século passado, principalmente – tanto dos meios de perfuração de poços, quanto da performance crescente das bombas e expansão da oferta de energia elétrica – fazem com que já não exista aquífero profundo ou confiado inacessível no mundo, e no Brasil. Nos países desenvolvidos, a utilização da água subterrânea para abastecimento humano é a alternativa mais barata.

Por sua vez, os aquíferos contêm cerca de 98% do total de água-doce da Terra. No nível mundial, entre 600 e 700 km³/ano são extraídos dos aquíferos, para atender, aproximadamente, 50% do abastecimento mundial de água potável, 40% da demanda industrial e 20% da agricultura irrigada.

Essas porcentagens variam consideravelmente de país para país, sendo que no Brasil, os dados disponíveis indicam que 62% da população nacional consome água subterrânea, sendo 70% poços profundos, 20% fontes e 10% poços rasos ou cacimbões.

Nas grandes cidades tem-se uma base econômica mais sólida e próspera do que nas pequenas ou nas áreas rurais. Consequentemente, têm-se maiores perspectivas de retorno dos investimentos feitos para abastecimento de água e, em decorrência, maior pressão pela privatização dos serviços nas grandes cidades do que nas pequenas ou no meio rural. Porém, do ponto de vista de saúde pública é melhor abastecer toda a população com um suprimento seguro de água através de fontes instaladas a 50 m das casas do que atender somente a 20% das famílias mais ricas das grandes cidades com água tratada, fluoretada e encanada.

QUINTA PARTE

12. COLUNA DO ALDO

Artigos escritos para o Jornal ABAS Informa, um boletim informativo da Associação Brasileira de Águas Subterrâneas.

MAU USO DA ÁGUA SUBTERRÂNEA: "Dumping" ambiental

ago.set./1997

No modelo atual de globalização da economia, o indivíduo que não se capacita perde o emprego, e a empresa que não produz dentro dos padrões de eficiência e qualidade mundial vai à falência.

Nesse quadro, é importante ressaltar que a pouca valorização da água subterrânea – para abastecimento doméstico, industrial ou irrigação – não resulta tanto da ação dos "grupos de interesses" na utilização preferencial das águas superficiais mas, sobretudo, do grande número de poços mal construídos e operados, cujos resultados são tão incertos ou têm vida útil tão curta que a alternativa de captação de água subterrânea representa, com frequência, um grande risco financeiro, político e administrativo para "os tomadores de decisão".

Entretanto, em consonância com os novos passos do ajuste competitivo dos mercados, a Organização Mundial do Comércio já configura como "dumping" ambiental o mau uso das águas e do ambiente em geral. Dessa forma, a valorização da qualidade das condições de uso e proteção das águas – superficiais ou subterrâneas – faz parte da certificação das empresas pela ISO série 14000, por exemplo. Tal certificação é compulsória, à medida que é imposta pelos mercados relativamente mais desenvolvidos pois é neles que a competição é mais aguda.

O primeiro passo é a exigência da sociedade em geral por mais qualidade e eficiência. O segundo passo é que as empresas internacionais cheguem com uma compreensão maior do que essas exigências representam para os seus negócios comparativamente aos empresários e órgãos públicos locais responsáveis pela administração das águas, em particular.

O uso econômico da água subterrânea disponível pressupõe, portanto, profundas e urgentes transformações na cultura dominante, no arcabouço legal/institucional e na atuação efetiva e harmônica do setor empresarial, da sociedade e dos órgãos públicos responsáveis pelos estudos básicos, controle, outorga a fiscalização das condições de uso e proteção da água-doce – superficial e subterrânea –, como "ativo ecológico" de alto valor econômico no mercado.

A falta de conhecimento dessa perspectiva vem colocando a América do Sul, em geral, e o Brasil, em particular – com as maiores descargas de água-doce do Mundo nos seus rios e aquíferos – na vala comum dos países desenvolvidos e periféricos que, efetivamente, já enfrentam problemas de escassez de água.

GLOBALIZAÇÃO E ÁGUAS SUBTERRÂNEAS

out.nov./1997

A versão atual de globalização tem como base o mercado. Como resultado, os territórios em desenvolvimento – não necessariamente as nações – adquirem importância no contexto mundial porque apresentam um grande potencial de compra de mercadorias ou serviços. Atualmente, a pauta de serviços já supera em muitos casos o comércio de produtos primários e manufaturas. Entretanto, a participação das nações ou blocos em desenvolvimento, no dito mercado global, vem sendo controlada por meio de exigências de qualidade, preços competitivos, padrões ambientais e de direitos humanos, que vem sendo ditados pelo eurocentrismo e americanismo tradicionais.

Esse modelo prestigia a empresa privada, uma vez que esta compartilha mais facilmente o mercado e alcança os níveis de eficiência exigidos, comparativamente à empresa pública ou de economia mista. Porém, se o Estado não exercer seu papel regulador ou controlador, o risco do Brasil a longo prazo é deixar de ser um país para ser apenas um território, onde todo mundo chega e faz o que quer.

Tendo em vista que a utilização da água subterrânea proporciona mais rápidos retornos aos investimentos realizados – para abastecimento urbano, indústrias ou desenvolvimento de agronegócios – havendo uma crescente percepção da sua importância no meio empresarial.

Entretanto, na medida em que esse manancial permanece fora do sistema jurídico e institucional das águas, qualquer indivíduo pode perfurar um poço ou abandoná-lo, frequentemente, sem tecnologia adequada, pondo em risco os investimentos realizados. Essa situação torna-se ainda mais grave à medida que, no instrumento mais recente – Lei n° 9.433/97 – que institui a Política Nacional de Recursos Hídricos e cria o Sistema Nacional de Gerenciamento de Recursos Hídricos, embora se fale de gestão integrada, descentralizada e participativa, coloca-se em destaque a gestão centralizada e sem considerar a real indissociabilidade das águas subterrâneas no ciclo hidrológico. Nesse instrumento, apenas legaliza-se o extrativismo vigente, mediante uma exigência de outorga – Título I, Capítulo IV, Seção II, art. 12, II, "extração de água de aquífero subterrâneo para consumo final ou insumo de processo produtivo". No Título II, art. 49: constitui infração das normas de utilização de recursos superficiais ou subterrâneos: V, perfurar poços para extração de água subterrânea ou operá-los sem a devida autorização. Nessa abordagem não se instaura a necessidade de superação do empirismo e improvisação dominantes.

Na proposta de regulamentação dessa Lei, revela-se pouca vontade política para a prática de uma gestão efetivamente integrada, descentralizada e participativa das águas: atmosféricas, superficiais e subterrâneas.

Em relação às águas subterrâneas, retorna-se à ideia de centralização, não obstante a Carta Magna de 1988 incluir entre os bens dos Estados (art. 26): as águas superficiais ou subterrâneas, fluentes, emergentes e em depósito, ressalvadas, nesse caso, na forma da Lei, as decorrentes de obras da União (art. 26,I). Ademais, por influência, talvez, de setores interessados em conservar a centralização tradicional, a nova proposta de Lei das águas subterrâneas – enviada em substituição àquela encaminhada pela ABAS, em 1986, arquivada na sua fase final de aprovação pelo Legislativo e sanção Presidencial, certamente para dar espaço à Lei n° 9.433/97 – é mantido o impedimento constitucional para que os Estados legislem sobre águas subterrâneas.

Urge, portanto, que a abordagem extrativista tradicional da água subterrânea seja substituída pelo gerenciamento efetivamente integrado e descentralizado dos recursos hídricos. Para tanto torna-se necessário superar a falta de conhecimento hidrogeológico básico, responsável, certamente, por boa parte do tratamento cheio de preconceitos e mal-entendidos hidrológicos, os quais tem sido diagnosticados no plano internacional como hidroesquizofrênicos.

O estudo das condições de ocorrência, recarga e descarga dos aquíferos, bem como das variadas funções que poderão desempenhar na abordagem de gerenciamento de bacias hidrográficas, tais como: função produção; função estoque de recarga artificial ou induzida de enchentes, de excedentes sazonais de estações de tratamento de água, de água de reúso; função estratégica; bancos de dados de pontos de água – poços profundos, poços escavados ou cacimbões, fontes ou nascentes –; fiscalização e controle das condições de uso e proteção, são tarefas indispensáveis ao desenvolvimento sustentável, compromisso assumido na Rio-92.

Toda mudança implica novos caminhos, novas abordagens, novas soluções. Ela rompe o estado alcançado na situação anterior e o substitui por um estado de provisoriedade, de tensão, de incômodo. Portanto, a adesão à proposta do gerenciamento integrado de bacias hidrográficas ou de desenvolvimento sustentável envolve certos riscos e exige visão, coragem e fé. Lamentavelmente, as instituições e as pessoas responsáveis pelas mudanças estão comprometidas com velhos paradigmas culturais que dão suporte à centralização do poder. Em consequência, apesar de toda a filosofia de descentralização e de gestão participativa as mudanças e as inovações institucionais que conduzem ao gerenciamento integrado, descentralizado e participativo dos recursos hídricos tornam-se distantes no Brasil.

A falta de ação harmônica de controle e fiscalização dos órgãos públicos – no nível federal, estadual ou municipal – vem se tornando um fator de risco para os investimentos realizados pelas empresas vinculadas ao mercado global – de abastecimento, indústrias e agronegócios. Efetivamente, tem sido impostos padrões de qualidade tecnológica e ambiental e de competitividade do mercado internacional. Esse processo já é bem evidente na forma das ISO série 9000 e ISO série 14000, exigências compulsórias do comércio internacional.

Dessa forma, independentemente da visão centralizadora e cartorial dominante no plano federal, as condições de uso e proteção das águas subterrâneas tenderão a ser exercidas de forma descentralizada – nos níveis estaduais e municipais – atendendo às exigências básicas do mercado global, tais como: transparência, rapidez de ação, eficiência, credibilidade. Nesse modelo, o conhecimento é o insumo mais valioso, de tal forma que o indivíduo que não se atualiza, fica obsoleto e perde o emprego, e a empresa, o Estado, o município que não alcançarem níveis mundiais de transparência, eficiência e competitividade irão à falência.

ÁGUA SUBTERRÂNEA: FATOR COMPETITIVO DO MERCADO

dez./1997

À medida que o século se aproxima do fim, o conceito de sustentabilidade adquire importância-chave não só no movimento ecológico, mas também no mundo dos negócios. A sustentabilidade é, de fato, o grande desafio do nosso tempo, isto é, promover ambientes sociais, culturais e negócios onde possamos satisfazer as nossas necessidades e aspirações sem diminuir as chances das gerações futuras.

Nesse quadro, a solução dos principais problemas de abastecimento de água, algumas delas até mesmo simples, requer uma mudança radical em nossas percepções, no nosso pensamento e nos nossos valores. Por exemplo, a solução de um problema de abastecimento de água de uma cidade, indústria ou de um perímetro irrigado, já não pode ser definida com base no simples balanço entre ofertas e demandas e um plano de obras. Mas deve abranger uma análise crítica das condições de uso e uma avaliação das diferentes alternativas que são proporcionadas pelo ambiente em pauta e pelas tecnologias disponíveis, tendo em vista alcançar e garantir preços competitivos e o desenvolvimento sustentável.

Entretanto, a cultura do nosso setor de saneamento básico enfatiza em excesso as soluções autoafirmativas de captação e tratamento de água dos rios, e negligencia aquelas integrativas com as águas subterrâneas, as perspectivas de reúso, de uma maior eficiência das formas de uso e de redução dos desperdícios. Ademais, na cultura vigente, as alternativas mais caras não apenas são favorecidas como também recebem recompensas econômicas e poder político. Essa é uma das razões pelas quais a mudança para um sistema de valores mais equilibrados é tão difícil para a maioria das pessoas e, especialmente, para os tomadores de decisão.

Uma análise comparativa dos custos de obtenção de água-doce nos Estados Unidos, segundo as diferentes tecnologias, mostra que a utilização do manancial subterrâneo é, comparativamente, a mais barata (quadro 1). Vale ressaltar que a consideração desses valores torna-se possível, na medida em que a globalização avança tendo por base padrões e valores de referência que são impostos, de forma compulsória, pelo mercado dos países mais desenvolvidos. Evidentemente, esses custos podem ser sensivelmente influenciados por uma grande variedade de fatores, de tal forma que devem ser considerados como ordens de grandeza de referência.

Os níveis de viabilidade desses custos podem ser aferidos quando comparados aos valores que são aceitos pelas diferentes categorias de usuários (quadro 2).

Verifica-se que o abastecimento com água subterrânea é uma alternativa viável para, praticamente, todas as classes de usuários. Entretanto, a seleção da alternativa tecnológica mais adequada vai depender, fundamentalmente, do nível de percepção ou de conhecimento do tomador de decisão.

Vale ressaltar que cerca de 80% das nossas cidades poderiam ser abastecidas por poços bem construídos e operados. Entretanto, na cultura vigente, as alternativas mais caras não apenas são favorecidas como também recebem recompensas econômicas e poder político.

Quadro 1 – Custos de produção de água-doce, segundo diferentes tecnologias

Tecnologias/Intervalo de Custos	(US $ por 1000 m^3)
Captação de rios (só armazenamento)	$ 123 – 246,00
Destilação	$ 645 – 1085,00
Congelamento	$ 368 – 633,00
Osmose reversa (água salobra)	$ 120 – 397,00
Eletrodiálise (STD 2000–5000) *	$ 276 – 537,00
Reúso de esgoto doméstico (AWT) **	$ 200 – 485,00
Reúso de esgoto (tratamento secundário)	$ 77 – 128,00
Captação de água subterrânea	$ 88,00
Captação de recarga de aquífero	$ 118 – 138,00

* STD – Sólidos Totais Dissolvidos

** AWT – tratamento secundário, redução de nitrogênio-fosfato, filtração e adsorção em carvão.

Quadro 2 – Valores aceitos pelas diferentes classes de usuários nos EUA

Classes de Usuários/Custos Aceitos	(US $ por 1000 m^3)
Residencial e comercial	$ 300 – 600,00
Industrial	$ 150 – 300,00
Agricultura de alto valor (flores)	$ 100 – 150,00
Frutas e hortaliças	$ 10 – 100,00
Outra agricultura irrigada	< $ 10,00

Fonte quadros 1 e 2: Rogers. Assessment of water resources: Technology for supply. In: McLaren e Skinner (eds.) *Resources and World Development*. John Wiley. UK, 1987.

Por outro lado, a competitividade da agricultura irrigada exige alto nível de eficiência no uso da água e manejo compatível com a biologia da cultura tratada. Segundo o maior produtor nacional de frutas irrigadas, uma boa safra de acerola, por exemplo, poderá resultar de um inteligente manejo da água disponível, compatível com a biologia da planta, ou seja: 1– irrigação dos clones até que atinjam um bom desenvolvimento; 2– redução da oferta de água para induzir a sua floração, pois a reação da planta à ameaça de morte é a produção de sementes; 3– incremento da oferta de água para induzir o crescimento dos frutos até o tamanho aceito pelo mercado; e 4– redução da oferta de água para induzir o seu amadurecimento generalizado.

Outro princípio assinalado é de nunca tentar vender o que produziu, mas conseguir produzir o que foi vendido. Esses são aspectos relevantes do alcance econômico da água subterrânea, ainda não devidamente valorizados pelos interessados no negócio.

OUTORGA DE ÁGUA, CIDADANIA E RESPONSABILIDADE

jan. fev./1998

Desde a promulgação da Constituição de 1988, assiste-se a uma verdadeira disputa nos níveis federal, estatuais, de agências de bacias, associação de usuários e similares, sobre a outorga e cobrança do direito de uso da água. Normalmente, as discussões enfatizam em excesso os valores auto-afirmativos – dominação e arrecadação dos fundos – e negligenciam os integrativos. Essa é uma das razões pelas quais a mudança para um sistema de valores mais equilibrados é tão difícil para a maioria das pessoas, e especialmente para os tomadores de decisão.

Porém, quanto mais estudamos os problemas de nossa época, mais somos levados a perceber que eles não podem ser entendidos isoladamente. É um problema sistêmico, o que significa que estão interligados e são interdependentes. Por exemplo, a escassez de água e a degradação da sua qualidade combinam-se com urbanização e industrialização em rápida expansão, com lançamento de esgotos e efluentes industriais não tratados nos rios, com disposição inadequada de resíduos domésticos e industriais no solo, com o desenvolvimento de atividades agrícolas com uso intensivo de insumos químicos, erosão dos solos e desmatamento em níveis nunca imaginados, com a construção, uso e abandono de poços sem atendimento aos dispositivos do Código das Águas e às normas ABNT vigentes.

Em última análise, esses problemas precisam ser vistos, exatamente, como diferentes facetas de uma única crise, que é, em grande medida, uma crise de percepção. Ela deriva do fato de que a maioria de nós, e em especial nossas instituições, termos uma percepção da realidade inadequada para lidarmos com nosso mundo superpovoado e globalmente interligado.

A Lei nº 9.433 de janeiro de 1997, também conhecida como Lei das Águas, estabelece a exigência da outorga e cobrança do direito de uso de águas superficiais e subterrâneas. Por sua vez, a cidadania pelas águas é uma bandeira que visa a incutir no cidadão a percepção da necessidade imperiosa de uma atitude mais ética em geral e de combate ao desperdício e à degradação da qualidade da água disponível em prol do desenvolvimento sustentável.

Nesse sentido, a outorga de direito de uso da água de um rio, barragem ou poço – para obtenção de água-doce para consumo urbano, para irrigação, para diluição de esgotos domésticos e/ou efluentes industriais e de mineração, para geração de energia elétrica ou navegação – deve considerar a necessária articulação das ações que ocorrem nos níveis federal, estadual e municipal, relativos às formas de uso e ocupação do território da bacia hidrográfica considerada.

Efetivamente, o exercício da cidadania que norteia o direito do consumidor, levará o indivíduo ou empresa a exigir do cedente da outorga e/ou cobrador do direito de uso da água, a garantia de utilização da quantidade outorgada e o controle da sua qualidade. Nesse sentido, uma concessionária de água poderá ser judicialmente processada por um consumidor qualquer, quando esta não fornecer regularmente água em quantidade e potabilidade garantidas, que esta seja captada de um rio ou de um poço.

Por sua vez, a empresa concessionária – pública ou privada – poderá acionar o outorgante, por não ter exercido o seu poder de controle público dos desperdícios ou expansão das demandas que geraram a escassez, bem como das fontes que degradaram a qualidade da água, resultando ineficientes os processos de tratamento convencionais utilizados.

A experiência internacional mostra que a "agência da bacia" como articuladora da cidadania pela águas terá uma ação progressivamente integrativa, em contraposição à forma autoafirmativa dominante.

Portanto, o ato de outorgar e cobrar o direito de uso da água, longe de constituir uma simples função burocrática de autoafirmação, configura uma definição de responsabilidade. Em outras palavras, o outorgante passa a assumir a responsabilidade pela garantia da quantidade e qualidade da água que foi outorgada. Isso significa que o outorgante deverá conhecer em profundidade o bem outorgado – regimes das águas superficiais e subterrâneas, respectivas disponibilidades e características de qualidade, tanto no domínio da bacia hidrográfica, como no tempo.

A cobrança dessa responsabilidade já vem sendo feita nos países mais desenvolvidos, por usuários que se sentiram lesados nos seus direitos contratuais de terem um abastecimento regularizado de água potável. As ações judiciais resultaram na aplicação de multas de milhões de dólares às concessionárias dos serviços de água. Estas, por sua vez, acionaram, judicialmente, os órgãos outorgantes e de controle da qualidade das águas outorgadas. Numa sociedade globalizada, a jurisprudência ou tão somente estes exemplos não tardarão a serem percebidos e imitados.

Assim, o processo de outorga e cobrança do direito de uso da água – superficial ou subterrânea – significa mudar radicalmente a cultura autocrática institucional e empresarial.

Ou seja, o outorgante não é um órgão que se limita a deferir ou indeferir pedidos e a cobrar direitos de uso da água, mas deverá estar preparado para assumir as responsabilidades dos seus atos.

As atividades das concessionárias de água já não devem se limitar aos estudos que estabeleçam o balanço entre oferta e demandas e a execução dos respectivos planos de obras, dentro de horizontes de planejamento, mas, sim, devem se transformar em empresas cujo produto significa saúde e conforto.

Por sua vez, o controle da potabilidade das águas de consumo deverá ser cobrado dos órgãos de saúde pública.

É inevitável que, por tais características, a outorga e cobrança pelo direito de uso da água deva ser pensada como um todo e sua inserção na dinâmica da sociedade globalizada.

A outorga e cobrança responsável pelo direito de uso da água é uma das garantias do desenvolvimento sustentável.

"UMA SOCIEDADE SUSTENTÁVEL É AQUELA QUE SATISFAZ SUAS NECESSIDADES SEM DIMINUIR AS PERSPECTIVAS DAS GERAÇÕES FUTURAS".

MANEJO INTEGRADO: A ALTERNATIVA DE SOLUÇÃO DA "CRISE DA ÁGUA"

mar./1998

Tal como o Rei Midas – que segundo a mitologia grega transformava em ouro tudo que tocava – o Manejo Integrado Das Águas representa a forma mais avançada e racional de solução dos problemas de abastecimento das demandas de água – doméstica, industrial ou agrícola – de uma determinada área.

Até a década de 70, a função básica do hidrogeólogo era de produção de água para atendimento de uma determinada demanda. Em consequência, os livros costumavam definir aquífero como a camada saturada capaz de proporcionar a dita vazão. Os estudos hidrogeológicos se interessavam exclusivamente pela ZONA SATURADA da unidade aquífera em apreço e a obra de captação – poço tubular preferencialmente – era o seu alvo principal.

Com o aumento acelerado das demandas e esgotamento ou degradação da qualidade da água dos rios e lagos mais próximos aos centros urbanos, surgiu a percepção do grande alcance econômico do gerenciamento integrado dos recursos hídricos. Nesse caso, aquífero é todo corpo rochoso – poroso ou fraturado – que apresenta características de armazenamento e circulação de água, independente do seu nível de saturação.

A complexidade da meta básica de produção de água subterrânea é progressivamente aumentada pelos aspectos de proteção, uso e conservação. Essa percepção é objeto de preocupação na Europa, desde os primórdios da Revolução Industrial, e nos Estados Unidos, a partir do fim da II Guerra Mundial.

Dessa forma, a ocorrência de uma espessa camada aquífera não saturada poderá representar uma alternativa tecnológica de, mediante a prática de recarga artificial, se aumentar a disponibilidade de água-doce numa determinada área. Para tanto, são utilizados os excedentes de água que geram as enchentes dos rios, ou mediante a reutilização de esgotos tratados.

Essas práticas, tradicionalmente utilizadas nas zonas semiáridas e áridas, vem se revelando, também, de grande alcance econômico nos contextos desenvolvidos de clima temperado.

A recarga artificial de aquíferos também tem sido usada para aumentar as disponibilidades de água-doce de aquíferos costeiros e/ou controle da interface marinha.

Por sua vez, se a água contida no aquífero não puder ser consumida naturalmente, há uma grande gama de tecnologias que podem melhorar a sua qualidade. Dessa forma, o melhoramento da qualidade – dessalinização por osmose reversa, destilação, fitoclarificação, desinfecção por fervimento ou cloração, filtração, dentre outras –, constituem alternativas tecnológicas que ampliam o alcance do papel do hidrogeólogo na abordagem de manejo integrado das águas.

Nesse caso, o grande desafio enfrentado pelos hidrogeólogos e especialistas afins é transformar da sua abordagem tradicional – de produção de água por meio de um poço ou outra forma de captação – para uma percepção mais abrangente, onde se inclui uma visão gerencial do sistema de fluxos de água subterrânea e as suas interações com as águas atmosféricas, superficiais e as formas de uso e ocupação do meio físico. Nesse quadro, as bacias hidrográficas que são esculpidas em contextos hidrogeológicos mais amplos – como unidades físicas básicas de planejamento e gestão integrada dos recursos hídricos – determinam uma verdadeira compartimentação hidráulica dos fluxos subterrâneos, tradicionalmente considerados como sendo configurados, em termos físicos, pelas bacias geológicas ou unidades litoestratigráficas.

A consideração do modelo conceitual do sistema de fluxos subterrâneos é primordial como fator integrativo multidisciplinar e de desenvolvimento de uma visão sistêmica – física, técnica-econômica e gerencial. A percepção sistêmica é a única forma de superar o quadro autoafirmativo vigente que contrapõe os especialistas envolvidos e tomadores de decisão, nos planos federal, estadual, municipal ou de agências de bacias.

Para tanto, urge superar o grande vazio de conhecimentos básicos hidrogeológicos quantitativos, comparativamente aos dados disponíveis sobre as águas atmosféricas e superficiais. Outro aspecto importante, diz respeito a necessidade de uma postura integrativa com hidrólogos sanitaristas, planejadores, gestores e tomadores de decisão.

DIA MUNDIAL DA ÁGUA

Novas ideias, novos conhecimentos, novas esperanças

abr./1998

A crescente importância da água, como elemento vital e fundamental ao desenvolvimento da economia moderna, levou as Nações Unidas à instituição do 22 de março como o DIA MUNDIAL DA ÁGUA. De fato, data de aniversário é um dia de confraternização e de formulação de votos de uma vida longa de plena felicidade. Lamentavelmente, esse não é o caso da água, na medida em que seu dia foi instituído como forma de lembrar que os nossos mananciais não podem continuar sendo degradados, em níveis nunca imaginados, pelo lançamento de esgotos domésticos e efluentes industriais não tratados, ocupação desordenada do meio urbano, disposição inadequada de resíduos no ambiente, desenvolvimento de atividades agrícolas altamente predatórias no meio rural, construção, operação e abandono de poços sem atender normas mínimas de uso e proteção das águas subterrâneas.

Estima-se em 2.000 m^3/hab/ano a disponibilidade necessária de água para se alcançar um nível de vida adequado e que menos de 1.000 m^3/hab/ano já significa um nível de estresse. Nessas condições, tem-se que, no ano 2025, perto de um terço da população mundial estará habitando cerca de 55 países onde a disponibilidade de água nos rios será inferior a 1.000 m^3/hab/ano, simplesmente porque o consumo de água terá crescido mais que o dobro da população e muito pouco vem sendo feito para reduzir os desperdícios e a degradação da sua qualidade. Apenas Israel vem mostrando sensível progresso nesse sentido, conseguindo uma boa qualidade de vida num meio árido com apenas 500 m³/hab/ano. Não obstante, a escassez de água continua sendo importante fator de agravamento do secular estresse político e social na região. Ora, nos países ditos desenvolvidos do mundo, com exceção dos Estados Unidos, o consumo total de água tende a ficar em torno de 1.000 m³/hab/ano. No Brasil, os recursos são comparativamente abundantes, pois, em 80% dos Estados da federação as disponibilidades referentes às descargas médias de longo período nos rios são superiores a 2.000 m³/hab/ano e as disponibilidades de águas subterrâneas são na ordem de 4.000 m³/hab/ano. Entretanto, a filosofia do quanto pior melhor, como forma de alavancar recursos para construção de grandes obras, geradoras de prestígio e outros dividendos políticos e financeiros, vem colocando o Brasil na vala comum dos países que efetivamente já apresentam problemas de escassez de água. Vale ressaltar que, nos Estados do Ceará, Rio Grande do Norte, Paraíba, Pernambuco, Alagoas e Distrito Federal, o quadro está exigindo um adequado manejo integrado de chuvas, águas dos rios, águas subterrâneas, gerenciamento para garantia da oferta e otimização dos usos. Nessa abordagem, atenção relevante deverá ser dada ao alcance econômico e social do uso racional das águas subterrâneas, ainda utilizadas de forma empírica e improvisada. Efetivamente, a água não pode aparecer como fator limitante à obtenção de uma qualidade de vida menos vexatória em 95% dos Estados do Brasil, se o nosso desenvolvimento tivesse tido por objetivo proporcionar uma melhor qualidade de vida à coletividade, em detrimento dos interesses de uns poucos. Entretanto, cristaliza-se no meio especializado um misto de perplexidade e fatalismo, na ABAS inclusive, diante da cultura tradicional do mercado de água, sem buscar informar e demonstrar os alcances efetivos do uso racional, complementar e integrado das águas subterrâneas. Todavia, para tanto, se torna fundamental modificar de forma empírica e improvisada de captação das águas subterrâneas para uma prestação de serviço de qualidade e eficiência alcançadas no plano internacional. A globalização, como modelo imposto pelo mercado, implica que os indivíduos que não se atualizarem estarão condenados ao desemprego, as empresas que não atingirem níveis internacionais de qualidade, produtividade e competitividade irão à falência e o povo não valorizará o conhecimento.

O FLAGELADO DA SECA E A RETÓRICA DA CIDADANIA

maio/1998

Os bons dicionários indicam que "cidadania" significa a condição de cidadão, ou indivíduo no gozo dos direitos civis e políticos de um Estado.

Contudo, a perversa concentração da riqueza, o flagelado da seca, a faveliza-ção do meio urbano, o caótico quadro sanitário, as crises da educação, saúde, segurança, são alguns dos cenários mais vexatórios da nossa "plataforma de país emergente", caracterizando o caráter retórico da nossa cidadania.

Para muitos, esses cenários resultam dos modelos das "sesmarias" e da "colônia de exploração", os quais tinham por base a cessão de privilé-gios aos agraciados e natação de cidadania aos subalternos. Esses modelos foram implantados há quase 500 anos e ainda estão em franca atuação por meio das oligarquias e grupos de influência.

Ainda no Império houve o entendimento de que a seca seria um proble-ma decorrente da escassez de água, resultando na ênfase dada à construção dos açudes e perfuração de poços. Porém, a "política de bastidores" que se instalou na República, continua beneficiando os grupos de interesse regionais e nacionais, dando suporte à tristemente famosa "indústria da seca".

O desenvolvimento regional planejado foi adotado em fins da década de 1950, como uma tentativa de romper o ciclo de miséria que já transbor-dava do contexto regional e alimentava a favelização nos nichos de riqueza. Porém, em todas essas fases, o comando permaneceu com os herdeiros das "sesmarias" ou seus prepostos de confiança, cuja filosofia básica continua sendo "Eu sou eu e minhas circunstâncias", como costumava dizer Ulisses Guimarães, um dos baluartes da nossa atual fase democrática.

As circunstâncias transformam o flagelado da seca em deserdado do processo de cidadania, saqueador de alimentos, da mesma forma que o pária urbano está na base da formação dos grupos de malfeitores que cometem assaltos e roubos à mão armada nos nichos de riqueza. Porém, a sociedade em geral cobra de ambos o exercício da cidadania, pois o políti-co, o empresário, o jornalista, o professor, o jurista, o administrador, o tomador de decisão, o empregado, todos "cidadãos de bem", cada um cumpre a sua parte, embora como fiéis adeptos da filosofia de ação "eu sou eu e minhas circunstâncias".

Em relação às secas do Nordeste, preconceitos e mal-entendidos são manipulados segundo as circunstâncias. Assim é que a região Nordeste do Brasil (1.542.271km²) tem sido confundida, com grande frequência, com o chamado Polígono das Secas (936.993 km²), delimitado pela Lei nº 1348 de 10 de fevereiro de 1951, como a área de atuação do Departamento Nacional de Obras Contra as Secas – DNOCS.

Outro fator que tem gerado ideia falsa sobre as dificuldades de solu-ção dos problemas sócio-ambientais atribuídos às secas está a imensidão dessa área e a sua baixa produtividade agrícola. Entretanto, os 830.000 km² de semiárido do Nordeste compreendem dois contextos geoambientais distintos, de extensões quase iguais: o domínio das rochas do substrato geológico de idade pré-cambriana, praticamente impermeável e subaflorantes, propiciando locais favoráveis à construção de milhares de açudes; e o das rochas sedimentares, nas quais ocorrem importantes sistemas aquíferos.

No entanto, os estudos oficiais indicam que o contexto semiárido – contido no Polígono das Secas – apresenta uma grande variedade de ambientes edafoclimáticos que representam oportunidades de negócios agrícolas impossíveis de serem conseguidos em outras regiões do país. Assinalam, também, que suas características edafoclimáticas são semelhantes às de outros contextos semiáridos do mundo: secas periódicas e cheias frequentes dos rios intermitentes, solos arenosos, rasos e pobres em nutrientes essenciais ao desenvolvimento de uma agricultura tradicional de zona temperada.

Não obstante, persistem as avaliações generalizadas do binômio solo/água, em particular, resultando em projetos mirabolantes de captura de "iceberg", de mudanças do clima, construção de canais para trazer água do Rio Amazonas, dentre outros, e contratação direta ou indireta, de prestigiosa consultora técnica internacional para encontrar uma solução para o problema de escassez periódica de águas da região, enquanto os valores locais amargam o subemprego.

A ideia que a condição de aridez edafoclimática está diretamente relacionada com a baixa produtividade agrícola é totalmente falsa e exemplos não faltam para mostrar que o uso inteligente do binômio solo/água pode transformar períodos de secas em oportunidades de bons negócios. Por exemplo, o semiárido do Centro-Oeste americano (2.615.000 km² e chuvas entre 600 e menos de 100 mm/ano) e Israel, em cuja área de maior produção agrícola chove 200 mm/ano em média, estão entre os maiores produtores agrícolas do mundo. Vale ressaltar que, em Israel, no período de secas de 1987-91 houve uma redução dos seus recursos de água de 29%. Tal situação não acarretou perda de produção agrícola ou do crescimento econômico, pois houve um incremento na eficiência de uso da água pelo setor agrícola de 40%.

Os registros disponíveis, desde 1583, revelam que as "secas" na zona semiárida do Nordeste do Brasil são um fenômeno periódico, como em qualquer outro contexto de clima semiárido ou árido do mundo. As secas mais graves, localmente, ocorrem em períodos de 10-11 anos, enquanto, o fenômeno menos intenso tem uma periodicidade de 5-6 anos. Portanto, é necessário compreender que as secas não constituem anormalidades no meio semi-árido e, como tal, não devem ser combatidas, mas consideradas como uma característica ambiental que pode representar oportunidades de negócios, mediante um uso mais racional do binômio solo/água, dentre outros fatores.

O opressivo quadro social de adultos e crianças passando fome e de carcaças de animais mortos ou cambaleantes num campo ressequido são expressões contundentes das formas inadequadas de lidar com a seca num ambiente povoado por analfabetos e desprovidos da mínima organização e tecnologia para produção de subsistência, durante os anos de chuvas escassas ou muito irregulares.

Na realidade, a seca afeta a parcela da população sertaneja que nos anos de chuvas ou invernos normais já vive nos limites da subsistência nas fazendas ou nas suas pequenas propriedades. Em termos práticos são desempregados, porque não colhendo o que plantaram para subsistência, perdem as condições de permanência nas fazendas onde trabalham como moradores ou meeiros do extrativismo agrícola e pecuário. Esse quadro muito contribui para a manutenção dos níveis de dependência de uma população que não participa de mercado e que tem na "frente de trabalho do governo federal" uma rara oportunidade de receber uma remuneração em dinheiro.

Na realidade do semiárido do Nordeste do Brasil – onde o analfabetismo generalizado dá suporte à manipulação religiosa, mística, mítica e política-eleitoreira secular – as práticas agrícolas de subsistência somente se diferenciam daquelas típicas da era paleolítica por utilizarem instrumento de trabalho feitos de metais.

Para essa população, pouco alcance tem os 1.500 açudes já construídos com capacidade unitária de armazenamento de água superior a 100 mil m^3, os cerca de 450 açudes de mais de um milhão de m^3 e a dezena de açudes que estocam entre 2 e 6 bilhões de m^3 de água. Apesar das prioridades oficiais terem se voltado para os grandes açudes, tem-se uma grande proliferação de açudes privados de pequeno porte, estimando-se em 70 mil o número desses reservatórios.

Contudo, a falta de dimensionamento hidrológico faz com que muitos açudes de diferentes portes nunca tenham enchido, enquanto outros são enchidos ou não resistem ao primeiro período de chuvas. Vale ressaltar, ainda, que os construtores de grandes açudes e o sertanejo em geral opõem certa resistência psicológica ao uso intensivo das suas águas; uns pela vaidosa contemplação do seu lago artificial, outros por medo de que venha faltar água durante a próxima seca. Como resultado, uns e outros não instalam sequer dispositivos para operacionalizar o uso das águas acumuladas nos açudes.

Entretanto, como as maiores retiradas de água se dão pelos mecanismos da evaporação climática, cuja lâmina média varia entre 2.000 e 3.000 mm/ano, verifica-se a salinização crescente das águas dos açudes de médios e grandes portes mal dimensionados em temos hidrológicos. O secamento dos pequenos açudes, durante os períodos de estiagem mais prolongados, é um problema inexorável.

Efetivamente, há subutilização dos açudes, estabelecendo-se um vivo contraste com os quadros altamente vexatórios de pessoas desesperadas e animais mortos de sede, os quais vem sendo expostos pela mídia escrita e televisionada como "clichês" de um drama de algum povo distante. O jornalista exerceu, certamente, o seu papel de cidadão, nos moldes da filosofia dominante de que "eu sou eu e minhas circunstâncias".

Não há dúvida de que, mediante um processo de alfabetização e orientação hidroagrícola da população rural do nosso contexto semiárido, seria possível obter um melhor aproveitamento de açudes. Por sua vez, os cerca de 30 mil poços já perfurados nas zonas de rochas fraturadas do substrato geológico, cujas vazões médias são de 5 m³/h, teriam uma melhor utilização para abastecimento da população rural e animais.

No caso de os teores de sólidos totais dissolvidos nas águas (STD) serem superiores a 2.000 mg/l, fato que ocorre, local e ocasionalmente, tanto em poços como em açudes mal dimensionados e/ou não operados, poderia ser utilizado com maior eficiência um processo de desmineralização das águas, cujos efluentes poderiam ser dispostos em barreiros de evaporação para redução substancial dos volumes efluentes (2.000 a 3.000 mm/ano) e não serem lançados nos corpos de água mais próximos, numa ação participativa compatível com o nível de cidadania tão desejado.

No entanto, os domínios sedimentares reservam cerca de 20 bilhões m³/ano explotáveis ao abrigo das secas periódicas que assolam a zona semiárida. Ademais, as águas subterrâneas têm, em geral, qualidades adequadas para abastecimentos domésticos, industriais e irrigação e cerca de 5 mil poços já perfurados, cujas vazões variam entre 10 e 500 m³/h, estão sendo subutilizados por razões diversas, onde se destacam a improvisação e o empirismo, característicos das ações de emergência.

Não deixa de impressionar que tão importantes reservas de água-doce não sejam utilizadas de forma eficiente, quando nos Estados Unidos extraem-se cerca de 4 mil m³/s ou 126 bilhões m³/ano dos seus aquíferos para abastecimento doméstico, industrial e irrigação de perto de 13 milhões de hectares.

Observa-se que o gerenciamento integrado das águas disponíveis é fator de incremento dos seus potenciais de água subterrânea. Na Califórnia, por exemplo, um sistema aquífero com 52.000 km^2 recebia uma recarga de 86 m^3/s durante a fase de pré-desenvolvimento, originada de uma pluviometria média que varia entre 130 e 660 mm/ano. Após o processo de gerenciamento integrado das águas disponíveis e ordenamento das formas de uso e reúso das mesmas, durante o período de 1961-77, as recargas passaram a ser de 446 m^3/s.

Vale ressaltar que o gerenciamento deve ser pró-ativo, isto é, antecipar-se à existencial do problema e procurar evitá-lo ou minimizá-lo e não simplesmente ser reativo, ou seja, realizar-se apenas depois que se verifica a seca e seus efeitos.

Todavia, os adeptos das ações tradicionais de combate às secas como anormalidades climáticas têm o hábito de rotular de utópico o que desconhecem ou não atende aos seus interesses imediatos.

No plano de serviço público é de fundamental importância realizar ações bem planejadas e destituídas de clientelismo, promover o permanente desenvolvimento do capital humano e trabalhar de forma continuada com a sociedade organizada, reconhecendo nela o seu interlocutor necessário para enfrentamento da seca em benefício dos interesses da coletividade.

DELÍRIO DAS ÁGUAS E AS PANELAS VAZIAS

jun./1998

Mais uma vez nos defrontamos com o drama de uma população de panelas vazias e potes secos, vítima de mais uma seca periódica que assola o semiárido da região Nordeste. Esse quadro torna-se ainda mais calamitoso quando se verifica que parcelas importantes da população do semiárido, estimada em dez milhões, habitam às margens dos rios perenes, dos grandes açudes públicos cheios ou em localidades onde forma perfurados poços que são inacessíveis aos flagelados ou estão fora de uso, ou sequer foram equipados para produção de água.

Não obstante, a pergunta que é feita com mais frequência é: porque não se constroem mais e maiores açudes, não se faz a interligação de rios perenes e intermitentes e por que não se perfuram mais alguns milhares de poços?

A resposta é que o problema não é de oferta de água, mas de acesso e da falta de uso racional do binômio solo-água disponível. Efetivamente, trata-se de alcançar um nível eficiente do uso e produtividade das atividades hidroagrícolas de subsistência da população de moradores das fazendas, meeiros e pequenos proprietários que, mesmo em anos de chuvas normais, já vive nos limites da sobrevivência.

No modelo atual da globalização, a importância de uma atividade econômica passou a ser aferida pelo seu nível de produtividade, e não mais pela extensão da propriedade, tamanho do rebanho ou número de empregados. Ultimamente, fala-se em desenvolvimento sustentável, cujo tripé é formado pela percepção ecológica, econômica e ética do empreendimento.

Nesse quadro, as águas disponíveis – umidade dos solos, açudes, rio perenes, subterrâneas e de reúso – representam um recurso de valor econômico, ecológico e ético, cujo alcance é uma função direta dos níveis de integração e de racionalização que deverão ser atingidos, sobretudo, mediante gerenciamento e controle das formas de uso do binômio solo-água e seleção das culturas. Em outras palavras, a construção de mais açudes maiores, a interligação de rios perenes e intermitentes ou a perfuração de mais poços devem ser vistas como instrumentos indutores de gestão, e não mais como simples formas de aumento da oferta de água, como continua sendo considerada pela "solução hidráulica" que foi implantada na Região em meados do século passado.

Dessa forma, deve-se considerar que, mesmo nos cercando de 400.000 km^2 do domínio de ocorrência das rochas cristalinas, praticamente impermeáveis, os poços com vazões entre 1.000 e 5.000 m^3/h constituem uma alternativa altamente promissora para abastecimento da população do meio rural e dos rebanhos. Na maioria dos casos em que as águas apresentam teores de salinidade superiores a 2.000 mg/l, a potabilidade poderia ser obtida mediante a utilização de dessalinizadores e/ou bombeamento intensivo, indutor da renovação das águas acumuladas nas zonas aquíferas do substrato rochoso em questão.

No domínio de ocorrência das rochas sedimentares – 400.000 km^2 – as reservas de água subterrânea doce são avaliadas da ordem de três trilhões de m^3, dos quais, cerca de 20 bilhões m^3/ano poderiam ser utilizados. Os milhares de poços que já foram perfurados nesses domínios, com vazão entre 10 e mais de 500 m^3/h apresentam níveis de utilização muito baixos, predominando o empirismo e a improvisação.

A utilização integrada das águas – superficiais, subterrâneas e de reúso – na Califórnia, EUA, por exemplo, fez as taxas de recarga das águas subterrâneas passarem de 78 m^3/s, no período de pré-desenvolvimento, para 466 m^3/s atualmente. No contexto do semiárido do Centro-Oeste dos Estados Unidos a maioria da população é abastecida e cerca de uma dezena de milhões de hectares é irrigada pelas formas de uso e reúso. Para tanto, é indispensável proporcionar instrução e treinamento à população. Portanto, urge encher as panelas vazias e os potes secos, mediante uma gestão integrada das águas disponíveis nos rios perenes, nos açudes e aquíferos, mesmo correndo-se o risco de esgotá-los durante alguns períodos secos. Entretanto, com as panelas cheias, torna-se possível transformar os problemas em oportunidades de negócio, tal como já vem ocorrendo no nível das empresas que estão organizadas para tirar proveito das secas, e não combatê-las.

PROJETOS ESTRUTURANTES E AS ÁGUAS SUBTERRÂNEAS

jul./1998

A ideia de uma Terra Viva faz parte das mitologias e religiões dos povos de todas as épocas. À semelhança do animal, a água é o sangue da Terra onde os rios de grande e médio porte constituem as artérias e veias, enquanto, riachos, córregos e aquíferos subterrâneos, em cujos poros milimétricos ou fissuras a água circula, constituem o sistema capilar.

Desde o Período Imperial, grandes empreiteiras e consultoras dão suporte à "política de bastidores" cujo especial interesse tem sido os "projetos estruturantes", como são chamadas as ações de grande porte empreendidas nos planos federal, estadual e até municipal. Esses "projetos estruturantes" compreendem, regra geral, a construção de obras nos rios de grande e médio porte tais como hidrelétricas, abastecimento de grandes cidades, grandes projetos de irrigação, construção de grandes canais e adutoras de recalque, dentre outras.

Nessa abordagem, a utilização das águas, superficiais e subterrâneas – que fluem pelo sistema capilar das pequenas bacias hidrográficas e pelos aquíferos, tem sido, geralmente, relegadas ao segundo plano ou deixadas a cargo dos usuários. Por sua vez, esses "projetos estruturantes" são realizados com verbas alocadas pelo poder público federal, estadual ou municipal. Entretanto, a verba, no Brasil, é dinheiro público que engendra a dependência político-econômica de quem a recebe e é pouco exigente na cobrança de resultados.

Ademais, a perfuração de poços foi primeiro autorizada no Brasil,em 1831, como forma de combate às secas que assolam, periodicamente, a zona semiárida do Nordeste. Nesse caso, principalmente, a atividade ainda depende de verbas públicas, as quais são liberadas, em sua maioria, pelo governo federal, como forma emergencial de combate às secas. Essa associação do poço com a verba que combate as secas, cristalizou o conceito ou preconceito de que a captação da água subterrânea é uma atividade sem compromisso de resultado e apenas satisfatória para abastecimento da população rural e das periferias urbanas, ou como fonte de atendimento apenas preliminar, local e ocasional, de faixa economicamente ativa.

Entretanto as águas subterrâneas vem sendo apropriadas para abastecimento de hotéis, condomínios privados e clubes de lazer dos habitantes das nossas maiores cidades. Também, no nível da indústria internacional que se instalou no Brasil a partir da década de 1950, a utilização das águas subterrâneas é vista como uma alternativa de autonomia gerencial. A partir do processo de globalização econômica da última década, cresceu a percepção da sua importância econômica, certamente, pelo fato de que as indústrias vêm com dinheiro para ganhar dinheiro com base na produtividade competitiva. O favorecimento tradicional, propiciado por políticas nacionais ou regionais inconsistentes, geralmente embasadas em subsídios públicos, tende a ser interpretado como uma ação de "dumping". Apenas as empresas públicas, para as quais, parece, dinheiro é para gastar, como forma de se credenciarem a receber mais verbas e consolidar prestígio administrativo ou pessoal, podem continuar dando preferência às alternativas mais caras de abastecimento de água. O investimento, ao contrário de verba, atrela a necessidade de compromisso com a eficiência, produtividade e competitividade. Dessa forma, o crescimento da utilização das águas subterrâneas, como recurso econômico, depende, necessariamente, da percepção de que a construção, operação e manutenção de um poço, ou de poços, representa um investimento e não uma despesa.

Além disso, em função do caráter extensivo de ocorrência das águas subterrâneas na área em questão, a captação poderá ser feita no terreno da indústria, no meio urbano ou no perímetro irrigado, sem grandes custos, portanto, de recalque e transporte. Os processos de filtração e biogeoquímicos de depuração que ocorrem no solo-subsolo, por onde infiltra e percola a água subterrânea, proporcionam níveis de purificação ainda impossíveis de serem atingidos pelos métodos convencionais de tratamento da água dos rios. Essas características de uso e proteção das águas subterrâneas são, sobremodo, importantes como fonte de abastecimento no Brasil, onde cerca de 90% dos esgotos domésticos da população urbana – mais de 75% dos 150 milhões de contingente nacional – são lançados nos rios sem tratamento e convive-se com o lixo que se produz, em proporção ligeiramente superior.

Para tanto, é fundamental que os instrumentos institucionais, legais e normas técnicas disponíveis que regulam as condições de uso e proteção das águas subterrâneas, tenha uma aplicação efetiva, mormente dos preceitos modernos do usuário – pagador e poluidor – pagador, como instrumentos indutores de uma maior eficiência das formas de uso das águas, tanto no meio urbano, como rural.

Torna-se necessário, também, mudar o conceito ou preconceito associado ao uso da verba pública para uma posição mais ética que é exigida pelo investimento. Além disso, é urgente e de fundamental importância que a "política de bastidores" dos governos – federal, estadual e municipal – evoluam do plano dos "projetos estruturantes" de recursos hídricos a uma ação no nível capilar, certamente de maior alcance para a população de votantes.

$ $ A IMPORTÂNCIA DA ÁGUA SUBTERRÂNEA $ $

ago./1998

Quando se formula o convite a uma personalidade do legislativo, do executivo, do setor financeiro, para participar de um evento da ABAS, a reação, regra geral, é de educada surpresa. Surpresa que essa água "escondida" possa ter uma dimensão de mercado, capaz de aglutinar interesses tão diversos – pesquisadores, empresários, setores dinâmicos de serviços – e de enfrentar os custos de um evento internacional, nacional ou regional atraindo pessoas que tenham dinheiro, para ganhar dinheiro.

A nossa reação mais frequente tem consistido em ressaltar que os volumes de água subterrânea representam da ordem de 97% do total de água-doce que ocorre na forma líquida nos domínios relativamente mais povoados da Terra. No Brasil, as reservas de água subterrânea são estimadas em 112 trilhões de m^3 e as disponibilidades são da ordem de 5.000 m^3/hab/ano. Vale salientar que as Nações Unidas consideram uma disponibilidade entre 1.000 e 2.000 m^3/hab/ano como suficiente para a obtenção de uma produção econômica sustentável e usufruto de um nível de vida saudável. Isso significa que o abastecimento da população atual estimada em 157 milhões poderia ser feito com apenas um quinto da água subterrânea explotável do nosso subsolo.

Outro aspecto ressaltado é a sua qualidade natural, adequada ao consumo doméstico, industrial e agrícola. Também, costuma-se enfatizar que os seus custos de captação são comparativamente mais baratos do que qualquer outra solução alternativa de abastecimento de uma determinada demanda.

Muito bem, diz o interlocutor: e qual é a dimensão do mercado? Bem, a dimensão do mercado é muito difícil medir, tem sido a resposta mais frequente. Será mesmo, ou apenas nunca nos preocupamos com esse "lado mercenário" do que fazemos ou defendemos?

Avalio que o mercado esteja entre 5 e 10 bilhões de reais por ano: estudos, construção de poços, materiais, perfuratrizes, bombas, salários e serviços diversos, produção agrícola e industrial associada, abastecimento das populações urbana e rural, rebanhos. O que acham?

Certamente que a tarefa é difícil, pois não se tem nenhum controle do nível de utilização da água subterrânea na indústria, na agricultura, nem no abastecimento doméstico público e sobretudo autônomo.

Numa primeira abordagem, pode-se considerar que cerca de 90% das indústrias no Brasil utilizam água subterrânea, que mais de 60% da população se abastece de água subterrânea, que com a água subterrânea irriga-se, efetivamente, a maior área no norte de Minas Gerais, que a produção de frutas irrigadas com água subterrânea no Rio Grande do Norte gera alguns milhões de dólares por ano de exportação, que cerca de 70% da produção agrícola irrigada do Ceará se faz com água de cacimbões implantados nos aluviões dos rios. Deve-se considerar, todavia, que ainda predomina o extrativismo e a improvisação, salvo as raras, porém, honrosas exceções.

Vale ressaltar que, em todas as áreas metropolitanas no Brasil, as águas subterrâneas vem sendo utilizadas, de forma generalizada e não controlada, para abastecimento de condomínios privados, hotéis, hospitais, clubes recreativos e setores comerciais diversos, como forma de mitigação dos efeitos dos rodízios quase rotineiros dos sistemas de abastecimento público de água, ou como solução econômica, tendo em vista o investimento realizado na perfuração de um poço é amortizado num prazo de 20 a 30% da sua vida útil.

Conforme os dados do censo do IBGE-1991, 85% das nossas 4.500 cidades tem uma população inferior a 20 mil habitantes. Considerando as potencialidades hidrogeológicas dominantes sobre cerca de 90% do território brasileiro, essas cidades poderiam ser abastecidas por um, dois ou três poços. Apenas no domínio de rochas cristalinas da zona semiárida do Nordeste, as possibilidades são limitadas, tanto em termos de quantidade como de qualidade.

Vale ressaltar que o principal risco financeiro da perfuração de um poço, que tenha sido locado e construído de acordo com as normas técnicas disponíveis, é gerado pela falta de controle e fiscalização – tanto federal, estadual como municipal – das obras de captação em uso como daquelas que são abandonadas.

Em consequência, qualquer um pode perfurar ou abandonar um poço nas proximidades de outro produtor, engendrando interferências e, sobretudo, riscos de contaminação das águas extraídas.

Urge, portanto, que o poder público exerça a sua função de gerenciamento, fiscalização e controle das condições de uso e proteção das águas subterrâneas, como um recurso natural altamente valioso em termos econômicos. Essas tarefas tornam-se urgentes, na medida em que se assiste a uma verdadeira explosão na utilização das águas subterrâneas, como um fator competitivo do mercado.

ÁGUA SUBTERRÂNEA ENGARRAFADA

set./1998

A água subterrânea representa a parcela do ciclo hidrológico – chuva, neve, neblina, principalmente – que infiltra a cada ano e circula "escondida" pela subsuperfície do terreno. Os processos de filtração física e biogeoquímicos de interação água/rocha que ocorrem no subsolo, fazem com que as águas subterrâneas tenham, naturalmente, qualidade adequada ao consumo humano regular, ou potáveis. Esses processos fazem com que a água subterrânea se ache, relativamente, melhor protegida dos agentes que degradam a qualidade das águas dos rios, lagos e outros mananciais de superfície.

Essa característica natural de potabilidade da água subterrânea – a qual é captada em nascentes, fontes e bicas, ou por meio de poços escavados de grande diâmetro (cacimbões) ou perfurados tubulares profundos – é a base do comércio da "água engarrafada".

Vale salientar que a classificação mundial da "água engarrafada" designa como "água de mesa" aquela que apresenta salinidade, ou mais precisamente, teor de sólidos totais dissolvidos (STD) inferior a 1.000 mg/l. A denominação de "água mineral" é reservada à água engarrafada cujo STD é superior a 1.000 mg/l e que apresenta constituintes minerais dissolvidos que têm efeito benéfico à saúde. A força do mercado da "água engarrafada" nos países desenvolvidos atraiu grupos empresariais para a produção artificial, tanto da "água de mesa" como da "água mineral".

No Brasil, entretanto, a "água engarrafada" é água subterrânea captada de fontes, poços rasos escavados (cacimbões) ou de poços tubulares rasos ou profundos, apresentando qualidade natural adequada ao consumo. Não obstante, recebe rótulo que exibe a esdrúxula denominação de "Indústria Brasileira". Além disso, embora a "água engarrafada" apresente, regra geral, composição provável no rótulo que a classifica como "água de mesa", nos termos da legislação nacional e internacional, ostentam a pomposa denominação de "Água Mineral".

Nas cidades de médio e grande porte e sobretudo nas zonas metropolitanas do Brasil, é comum a figura do "caminhão-pipa" que vende "água potável" aos condomínios privados, indústrias, hotéis, hospitais, academias de esporte/natação, dentre outros grandes usuários. Geralmente, essa água é extraída de poços tubulares localizados no meio urbano, ou de fontes localizadas na área urbana ou suburbana.

A captação da "água engarrafada" ou vendida pelo "caminhão-pipa" é controlada pelo Departamento Nacional da Produção Mineral – DNPM – sendo exigida, desde 2008, a adoção do Perímetro de Proteção do manancial em apreço.

Durante o 10º Congresso da ABAS, teve-se uma Mesa-Redonda que tratou da Hidrogeologia das Águas Minerais, revelando-se que o comércio de "água engarrafada" foi um dos que mais cresceu nos últimos quatro anos.

Efetivamente, o mercado da "água engarrafada" é um dos mais promissores no mundo. Contudo, a "política de bastidores" que, para favorecer grupos de interesses insere a denominação de "Indústria Brasileira" na nossa água natural de mesa, e rotula água de mesa como água mineral, abriu brechas na legislação vigente, possibilitando a concorrência internacional do comércio da "água industrializada engarrafada" cuja qualidade é obtida por meios artificiais.

Trata-se, na maioria dos casos, de água subterrânea cujas propriedades de "água de mesa" ou de "água mineral" são obtidas por meio de processos tecnológicos de desmineralização ou de mineralização controlada.

Urge, portanto, que se adote uma "política consistente" de aplicação das Leis que regulam o uso e proteção dos nossos grandes potenciais de "água natural de mesa", os quais vem sendo comercializados pelo mercado em garrafões, garrafas, garrafinha e copos, sob a denominação de "água mineral", como um fator de saúde pública, de conforto e bem-estar da sociedade.

Nesse caso, como em muitos outros, tais como da crise da saúde, educação, habitação, transporte e serviços de água e esgoto ou de qualidade sanitária em geral, sempre se procura atribuir a gravidade dos problemas a falta de uma "decisão política". Entretanto, salvo melhor juízo, o que não tem faltado, desde o início da República, é a "decisão política" que protege os interesses de uns poucos, em detrimento dos direitos de muitos.

QUALIDADE, CONFIABILIDADE E COMPETITIVIDADE

out./1998

A década de 60 foi um tempo de otimismo e progresso, com colônias ricas em recursos naturais tornando-se nações. Os ideais de cooperação e partilha pareciam estar sendo seriamente buscados pelos países ricos colonizadores. Paradoxalmente, os anos 70 entraram pouco a pouco num clima de reação e isolamento à medida que os colonizadores começavam a sentir os efeitos da redução dos recursos que eram trazidos, tradicionalmente, das colônias.

A Primeira Conferência da Nações Unidas sobre o Ambiente Humano, em 1972, levou os países desenvolvidos a traçarem, juntos, os "direitos" da família humana a um meio ambiente saudável e produtivo. Várias reuniões desse tipo se sucederam: sobre os direitos das pessoas a uma alimentação adequada, a boas moradias, a água de boa qualidade, ao acesso aos meios de escolher o tamanho das famílias.

Na década de 80, houve um retrocesso quanto às preocupações sociais. Por sua vez, a deterioração ambiental, vista a princípio como um problema, sobretudo dos países ricos e como um efeito colateral da riqueza industrial, tornou-se uma questão de sobrevivência para os países em desenvolvimento. Como resultado, o Nosso Futuro Comum, em 1987, ressaltava que, apesar de esperanças oficiais expressadas por todos, nenhuma das tendências, nenhum programa ou política oferecia qualquer perspectiva real de estreitar a lacuna cada vez maior entre nações ricas e pobres. Ressaltava ainda que "o meio ambiente não existe como uma esfera desvinculada das ações, ambições e necessidades humanas", e tentar defendê-lo sem levar em conta os problemas humanos deu à própria expressão "meio ambiente" uma conotação de ingenuidade em certos círculos políticos. Também, a palavra "desenvolvimento" foi empregada por alguns, "como o que as nações pobres deviam fazer para se tornarem ricas". Para tanto, as indústrias que mais dependem de recursos do ambiente, e que mais poluem, se multiplicam com grande rapidez no mundo em desenvolvimento.

Na Conferência das Nações Unidas para o Ambiente e Desenvolvimento Rio-92, entendeu-se que temos de nos preocupar com os impactos do crescimento econômico sobre o meio ambiente em geral, pois a crise ambiental que se aprofunda e amplia, representa, para a segurança nacional e mundial – e até para a sobrevivência – uma ameaça talvez mais séria do que povos vizinhos bem armados e mal-intencionados, ou alianças hostis. Daí surgirem expressões tais como: a globalização é uma realidade e não uma escolha. Os países precisam se preparar para obter os ganhos da globalização. Em consequência, assiste-se, ultimamente, a uma crescente exigência por qualidade, competitividade e confiabilidade, as quais são aferidas por padrões impostos pelos países industrializados. Nesse quadro, a globalização pune políticas domésticas inconsistentes.

Portanto, não obstante o afrouxamento local e ocasional que se possa ter na execução das Leis e regulamentos de controle das condições de uso e proteção do meio ambiente em geral e das águas em particular, as empresas, os profissionais e a sociedade, em geral, não deve perder de vista que as certificações do tipo ISO série 9000, ISO série 14000, qualidade e confiabilidade tornam-se fatores competitivos compulsórios impostos pelo mercado global.

A globalização, como um modelo compulsório imposto pelo mercado dos países industrializados, implica que os indivíduos que não se atualizam estarão condenados ao desemprego, as empresas que não oferecem qualidade total, produtividade com competitividade e confiabilidade irão a falência. Nessas condições, o fato de a água ser abundante numa determinada área já não justifica que esta possa se desperdiçada, ou que tenha a sua qualidade degradada. Assim, a sua utilização como um bem livre pode significar "dumping ambiental".

GERENCIAMENTO INTEGRADO: SUSTENTABILIDADE

nov./1998

Sustentabilidade é um conceito que se torna popular e que pode ser entendido como uma condição de longo-termo de uso racional dos recursos naturais, em geral, e da água, em especial. A água superficial ou subterrânea, como um recurso natural renovável por meio do ciclo hidrológico, apresenta uma grande variabilidade, tanto no espaço como no tempo.

Entretanto, as demandas tendem a se tornar relativamente crescentes no tempo e concentradas no espaço. Como resultado, os conflitos entre ofertas e demandas de água – em quantidade e qualidade – tendem a crescer. Contudo, esses conflitos podem ser minimizados por meio do gerenciamento ou administração dos recursos de águas superficiais e subterrâneas disponíveis na área em questão.

Os objetivos principais do gerenciamento integrado de bacias hidrográficas devem ser: mais água (quantidade e qualidade), conservação do solo, mais produção de biomassa natural e cultivada, mais saneamento ambiental e qualidade de vida, mais atendimento aos interesses coletivos, mais fortalecimento das estruturas locais, regionais, estaduais e coletividade organizada.

Na visão tradicional, a bacia hidrográfica era vista como um receptáculo de água de chuva, delimitado pelas cotas topográficas mais elevadas que constituem os seus divisores de água. Nesse quadro, os rios têm a função de drenar e transportar a parcela da chuva que se transforma em escoamento. Como o fluxo das águas pelos rios é rápido – com velocidades da ordem de km/dia – e pode ser extremamente variável, tanto no espaço como no tempo, a regularização da oferta de água é alcançada mediante a construção e operação de barragens ou açudes.

Modernamente, percebe-se que os terrenos aquíferos (corpos ou camadas rochosas com porosidade e permeabilidade relativamente mais elevadas da bacia hidrográfica em questão) têm a função natural de armazenamento da parcela da chuva que se infiltra no solo e subsolo da bacia hidrográfica. Tendo em vista a forma extensiva de ocorrência dos aquíferos e as pequenas velocidades de fluxo – da ordem de cm/dia – esses desempenham o importante papel de reguladores naturais da oferta de água para perenização dos rios durante os períodos sem chuvas e para os diferentes usos.

Nesse caso, a primeira pergunta que é feita pelos usuários em geral e pelos tomadores de decisão é qual será a reserva explotável segura do aquífero? A resposta clássica é de que esta será igual às taxas de recarga, como limite superior.

Entretanto, a experiência tem mostrado que a importância reguladora do aquífero depende, fundamentalmente, do nível de gerenciamento integrado que é desenvolvido na bacia hidrográfica em questão. Uma avaliação realizada pelo United States Geological Survey dos 11 mais importantes contextos aquíferos dos Estados Unidos indica, por exemplo, que no Vale Central da Califórnia, 52.000 km^2, há chuvas entre 130-660 mm/ano – a taxa de recarga natural (antes do desenvolvimento) era de 78 m^3/s, enquanto o volume extraído atingia 466 m^3/s no período de 1961-77. Nos aquíferos do Northern–Midwest – 420.000 km^2 e chuva de 760 mm/ano – a recarga era de 16 m^3/s, enquanto a extração foi de 34 m^3/s no período de 1976-80. Nas *Great Plains* – 440.000 km^2 e chuvas de 300-700 mm/ano – as recargas naturais eram de 10 m^3/s enquanto os volumes extraídos no período de 1970-80 – alcançaram 33 m^3/s. Nos aquíferos das *High Plains.* – 75.000 km^2 e chuvas de 400-500 mm/ano – as recargas naturais eram de 8 m^3/s enquanto os volumes extraídos alcançavam 273 m^3/s. Nos aquíferos da North Atlantic Coastal Plain – 140.000 km^2 e chuvas de 1.200 mm/ano – a taxa de recarga natural era de 26 m^3/s, enquanto o volume de água extraído atingia 48 m^3/s em 1980.

As origens das águas extraídas do subsolo são, principalmente, os fluxos interaquíferos, os quais são engendrados pelos bombeamentos. As recargas artificiais realizadas e induzidas pelas irrigações feitas com águas superficiais importadas e de reúso não potável – urbano, industrial e agrícola.

Outro alcance da utilização dos aquíferos como reservatórios naturais, comparativamente à construção de barragens, é que esses não são assoreados, não perdem grandes volumes de água por evaporação e proporcionam uma distribuição natural da água, possibilitando a sua captação na área de utilização, ou seja, no perímetro irrigado, na indústria ou na cidade a abastecer. Além disso, os processos naturais de filtração que ocorrem no solo e subsolo possibilitam mais eficiente utilização dos métodos de microirrigação. No caso do abastecimento público, os processos biogeoquímicos que ocorrem no subsolo proporcionam a purificação das águas em níveis difíceis de serem alcançados pelos de tratamentos convencionais.

ÉTICA NO NEGÓCIO DA ÁGUA: O GRANDE DESAFIO DO PRÓXIMO MILÊNIO

dez./1998

Feliz Natal para todos e um ano de 1999 rico de realizações e perspectivas no próximo milênio.

Da minha parte, tentarei não decepcioná-los, pois, "A Coluna do Aldo" é um desafio que se transforma numa grande satisfação, haja vista os cumprimentos recebidos em diferentes ocasiões.

"Visto de longe, o Planeta Terra é pura água. Mas não é água pura. Água pura é rara e cada vez mais cara". Essa situação geral resulta, em grande parte, do negócio da água que tem tido como estratégias o desperdício, degradação da sua qualidade e preferência pela solução mais cara.

No Brasil, em particular, o negócio do saneamento básico (abastecimento de água + coleta e tratamento de esgotos + coleta e disposição de lixo) joga os esgotos não tratados nos mananciais utilizados para o abastecimento – rios, igarapés e outros corpos de água –, não diferencia um buraco de onde se extrai água de um poço construído como uma obra de engenharia-geológica para produção de água de beber naturalmente limpa, e nos leva a conviver com o lixo que se produz.

A preferência pela solução mais cara é bem ilustrada pelo caso da cidade de Mossoró-RN, onde a queda de produção dos poços com 20-30 anos de operação sem manutenção, serve de argumento para justificar a construção de adutora de uma centena de quilômetros e de estações de tratamento da água aduzida, embora os custos do m³ de água sejam muito mais altos do que aqueles decorrentes da reconstrução e operação de uma bateria de poços na área urbana, para fornecimento de água naturalmente potável, ou seja, sem tratamento prévio.

O quadro é tanto mais paradoxal quando se constata que, sobre cerca de 90% do território nacional, ocorre água subterrânea naturalmente potável, cuja captação é bem mais barata para abastecimento seguro de 80% das nossas cidades, cuja população é inferior a vinte mil habitantes. Não obstante, a solução preferencial adotada, comparativamente mais cara, é a utilização de água captada nos rios onde são despejados os esgotos não tratados e a maior parte do lixo produzido portanto, necessariamente, tratada.

Mesmo nas áreas metropolitanas e nas cidades de grande porte, as águas subterrâneas vêm sendo utilizadas para abastecimento de indústrias, hotéis de luxo, hospitais e condomínios, tendo em vista o seu alcance econômico – amortização dos investimentos entre 30 e 50% da vida útil dos poços. A característica de potabilidade natural das águas subterrâneas é a base da indústria de água engarrafada – de mesa ou mineral. Efetivamente, toda água vendida engarrafada é água subterrânea que é captada em nascentes ou fontes e por meio de poços escavados ou tubulares.

No plano agrícola, percebe-se que boa parte da produção de alto valor comercial, tais como flores e frutas, está embasada na utilização das águas subterrâneas captadas por meio de poços escavados ou cacimbões e poços tubulares. A experiência internacional mostra que as unidades produtoras agrícolas são de pequeno e médio porte, onde a crescente eficiência no uso da água é a base do aumento da tonelagem produzida.

Certamente que a importância da água subterrânea será de menor importância quando as metas propostas consideram apenas o aumento das áreas cultivadas, tal como se verifica nos planos atuais do governo cujo objetivo é aumentar a área de produção de frutas de 100 mil hectares para 1 milhão de hectares, por exemplo.

No contexto do inexorável processo de globalização do mercado em curso no país e dos evidentes progressos na direção da instalação de um sistema formal de descentralização da política de saneamento ambiental, de gerenciamento dos recursos hídricos e de produção industrial e agrícola, constata-se um duplo desafio. De um lado, como incrementar e melhorar as condições de uso das águas, em geral, e das águas subterrâneas, em especial, para abastecimento das cidades e fortalecer a capacidade de produção de pequeno e médio portes, frente à frágil condição política e técnico-administrativa da sociedade? De outro, como os atores locais podem efetivamente exercer funções de parceiros da gestão ambiental e dos recursos hídricos, diante dos efeitos negativos da crise social sobre a sua capacidade associativa e participativa e do seu desconhecimento sobre os componentes do ciclo das águas, em geral, e da subterrânea, em especial? A ética constitui, certamente, o mais importante desafio que temos de vencer no próximo milênio e mostrar o grande alcance das águas subterrâneas no negócio da água.

O Banco Mundial estima que, para evitar severas situações de escassez, o investimento necessário do negócio da água para abastecimento nos países em desenvolvimento, entre 1995 e 2005, atinja um montante de 600 bilhões de dólares.

Estima, ainda, que o mundo em desenvolvimento possa contribuir ele próprio com 90% do montante dos investimentos, deixando 60 bilhões de dólares para investimento dos países desenvolvidos, com o Banco a contribuir com algo entre 30 e 40 bilhões de dólares.

Esse quadro significa que existem oportunidades de investimento para o setor privado, nomeadamente em países que são considerados como os mercados com mais rápido crescimento do mundo, como é o caso do Brasil.

POBRES E RICOS DE ÁGUA-DOCE

jan./1999

A classificação mundial das águas, feita com base nas suas características naturais, designa como água-doce aquela que apresenta teor de sólidos totais dissolvidos (STD) inferior a 1.000 mg/l. A água-doce é elemento essencial para o abastecimento do consumo humano, ao desenvolvimento de suas atividades industriais e agrícolas, e de importância vital para os ecossistemas – tanto vegetal como animal – das terras emersas.

Á água-doce, como arma de guerra contra tribos ou povos inimigos, é usada desde, pelo menos, 4 mil a. C. – no Oriente Médio e Norte da África, na Índia e China. Atualmente, a situação é mais cínica, pois os "donos do negócio" impõem a escassez de água aos concidadãos, como estratégia para alavancar financiamentos privilegiados de organismos nacionais e internacionais, obter verbas e subsídios para projetos de obras extraordinárias, ou simplesmente, prestígio político eleitoreiro e administrativo.

Esse processo é bem ilustrado pelos casos recentes e em curso de populações urbanas que são submetidas a um verdadeiro terrorismo de falta frequente de água, rodízio de fornecimento e campanhas – rádio, televisão e jornais – sobre a necessidade de filtrar ou ferver a água antes do consumo. Conseguida a liberação do subsídio, da verba, do empréstimo favorecido ou da compensação política eleitoreira e do prestígio administrativo, logo desaparece da mídia o terrorismo da estratégia da escassez de quantidade ou de qualidade da água de abastecimento. A percepção de que a água é um recurso econômico e fator competitivo do mercado vem sendo imposta pelo novo paradigma de globalização da economia, desde a década de 80. Nessa abordagem, as Nações Unidas (1997) classificaram os países segundo os níveis dos seus potenciais de água-doce – expresso em termos de vazões médias anuais de longo período dos rios por habitante – e dos usos totais – doméstico, industrial e irrigação. Esse potencial de água-doce, expresso em m³/hab/ano, denominamos de "potencial social de água-doce", na medida em que representa a quantidade que toca a cada cidadão da área ou seja, a parcela do patrimônio hídrico que é proporcionada pelo ambiente onde vive.

Nessas condições, o país é classificado como muito pobre quando as descargas dos seus rios representam um potencial social de água-doce inferior a 500 m³/hab/ano; pobre entre 500 e 1.000; regular entre 1.000 e 2.000; suficiente 2.000 e 10.000; rico entre 10.000 e 100.000; e muito rico quando é superior a 1.000 m³/hab/ano. Por sua vez, considera-se que potencial social de água-doce inferior a 1.000 m³/hab/ano já representa uma condição de "estresse de água", e que menos de 500 m³/hab/ano "escassez de água".

Atualmente, cerca de 18 países afiliados às Nações Unidas, ou 18%, já apresentam condições de estresse de água-doce, e no ano 2025, essa situação deverá ocorrer em 30 países. A despeito da gravidade do problema a ser prognosticado como de "guerra iminente da água", observa-se que, salvo honrosas exceções, há pouco empenho político dos governos desses países e muito pouco vem sendo feito internamente para reduzir os desperdícios ou melhorar a eficiência dos usos, sobretudo doméstico e agrícola.

Vale salientar que, em muitos países ou regiões nacionais, muitos dos problemas de estresse ou de escassez de água-doce poderiam ser minimizados mediante um gerenciamento das ofertas e dos usos dos recursos disponíveis, considerando-se, por exemplo, as possibilidades de uso das águas subterrâneas, reúso – urbano, industrial e agrícola – não potável das águas, seleção de culturas mais adequadas, e obtenção de uma crescente eficiência das formas de uso e de produtividade das atividades agrícolas.

As Nações Unidas classificam os países com base no consumo de água-doce, considerando como muito baixo quando este é inferior a 100 m³/hab/ano; baixo entre 100 e 500; moderado entre 500 e 1.000; alto entre 1.000 e 2.000 e muito alto quando o consumo é superior a 2.000 m³/hab/ano.

Nesse quadro, o Brasil com potenciais da ordem de 35.000 m³/hab/ano, está no grupo dos 26 países ricos de água-doce do mundo. Porém, em termos de consumo está no grupo de países de consumo baixo.

Essa situação resulta, certamente, do fato de serem contabilizados os dados referentes aos sistemas de abastecimento, ou seja, não foram incluídos os volumes de água superficial e subterrânea que são extraídos diretamente pelas indústrias e pelas atividades de irrigação.

Por sua vez e para alguns o estigma da escassez de água-doce atinge o Brasil, na medida em que 80% do deflúvio anual médio dos nossos rios ocorrem nos setores menos densamente povoados – entre menos de 2 e 5 hab/km².

Contudo, analisando-se o problema no nível dos Estados, verifica-se que 19% têm potenciais entre 1.000 e 2.000 m³/hab/ano, ou seja, regulares; 27% entre 2.000 e 10.000; 27% entre 10.000 e 100.000 e 27% acima de 100.000 m³/hab/ano. Portanto, 81% dos Estados do Brasil têm "potencial social de água-doce" nos seus rios entre suficiente e muito rico para usufruto de uma qualidade de vida de primeiro mundo e desenvolvimento sustentável de atividades econômicas. Nos 19% dos Estados restantes, os potenciais situam-se entre 1.000 e 2.000 m³/hab/ano, ou seja, são considerados regulares. Os potenciais de água subterrânea não são computados nessas avaliações (DNAEE, 1985). Contudo, tendo-se em conta os valores das descargas de base dos rios, as reservas reguladoras de água subterrânea variam da ordem de 10.000 m³/ano/km² na zona semiárida do Nordeste, onde as densidades de população variam entre menos de 2 e 25 hab/km². Nos restantes 90% do território brasileiro, onde as chuvas variam entre 1.000 e 3.000 mm/ano, as reservas renováveis de água subterrânea variam entre 100.000 e mais de 600.000 m³/ano/km², onde 80% das cidades têm população entre 500 e 20.000 habitantes e as densidades demográficas variam entre menos de 2 e 125 hab/km², fora das áreas metropolitanas e grandes cidades.

Portanto, é necessário migrar do Brasil-problema para o Brasil-potencial. Para tanto, é indispensável transformar o paradigma da escassez como estratégia para um modelo gerencial de resultados, tanto econômicos como de conforto, saúde, satisfação e de confiabilidade dos usuários/clientes.

ÁGUA SUBTERRÂNEA NO PROGRAMA HIDROLÓGICO INTERNACIONAL

fev./1999

O crescimento das calotas polares na última Grande Idade do Gelo – que se estendeu de 100.000 até 10.000 anos a.C. – levou hordas humanas a se fixarem nas zonas mais quentes da Terra dando início a formação dos povos primitivos, alguns dos quais deram origem às civilizações atuais. A escassez característica de água nessas regiões, em especial durante os longos períodos de estiagem, levou os povos primitivos a cavar o chão para buscar água subterrânea para consumo. Como resultado, consolidou-se a ideia de que a água subterrânea era fonte importante de abastecimento das populações dos contextos áridos e semiáridos da Terra.

Contudo, ao longo dos últimos 200 anos, o processo de urbanização que acompanhou a Revolução Industrial fez crescer as demandas de água em todas as zonas climáticas da Terra. Ademais, em função dos avanços tecnológicos dos métodos de perfuração de poços profundos e dos equipamentos de bombeamento, a água subterrânea passou a ser utilizada como fonte segura de abastecimento nos países do primeiro mundo.

A partir da década de 50, os avanços tecnológicos dos equipamentos e técnicas de perfuração e, sobretudo, de bombeamento, associados à expansão das redes de energia elétrica, tornaram possível a extração de água dos aquíferos cada vez mais profundos.

Atualmente, a utilização da água subterrânea tornou-se fator importante do desenvolvimento sustentado – urbano, industrial e agrícola – nos países mais ricos da Terra. Na década de 60, houve o entendimento de que o uso racional das águas deveria estar fundamentado no conhecimento do ciclo hidrológico. Esse desafio levou a UNESCO, em 1965, a dar início ao primeiro programa mundial de estudo das águas – o Decênio Hidrológico Internacional ou International Hydrological Decade (IHD).

Consciente da necessidade de dar continuidade ao esforço, teve início, em 1975, o Programa Hidrológico Internacional ou International Hydrological Programme (IHP), o qual deveria ser desenvolvido na década seguinte. Embora o IHP fosse um programa basicamente científico e educacional, a UNESCO foi levada a buscar solução para diferentes problemas práticos de seus países membros.

Em consonância com as recomendações da Primeira Conferência Mundial da Água, promovida pelas Nações Unidas em Mar del Plata, em 1977, o IHP passou a considerar não somente os processos hidrológicos e suas relações com o ambiente e as atividades humanas, mas também os aspectos científicos dos múltiplos objetivos do uso integrado e conservação das águas – atmosféricas, superficiais e subterrâneas – para atender às necessidades do desenvolvimento econômico e social.

Na Conferência de Mar del Plata, a água subterrânea foi reconhecida no nível mundial como um recurso estratégico para abastecimento humano, tendo em vista a sua característica de potabilidade natural e melhor proteção contra os agentes de poluição que afetam rapidamente os rios e lagos. Não obstante, durante o decênio da água potável, continuou-se a privilegiar os projetos extraordinários, cada vez mais caros de obras de captação, adução e de tratamento das águas dos rios, mais distantes ou poluídos.

No Brasil, durante esse período, houve um grande desenvolvimento da "engenharia sanitária", sem que se tenha tido, como decorrência, uma sensível melhora do quadro sanitário nas nossas cidades.

Essa situação resultou, basicamente, do modelo que privilegia a estatística baseada na expansão das redes de distribuição, sem considerar a necessidade da garantia de uma oferta regular de água de boa qualidade para consumo doméstico. Dessa forma, os pomposos índices de população servida por rede de água (entre 80% e 90% na maioria dos casos), escondem os fatos reais, sobretudo graves em termos de saúde pública, que são formados pela falta quase regular de água nas redes, das cínicas operações de rodízio e dos avisos ou conselhos aos usuários "não clientes" sobre a necessidade de se filtrar ou ferver a água da torneira antes do consumo. Além disso, a coleta e deposição adequada do lixo produzido não fez parte do modelo de "saneamento básico" adotado, buscando-se tão somente coletar os esgotos para lançá-los, sem tratamento prévio nos rios, lagos, praias e outros corpos de água.

Nesse quadro, a alternativa de utilização das águas subterrâneas, mais segura e mais barata, continuou sendo vista com preconceito pelos "donos do negócio", confundindo poços que deveriam ser projetados e construídos segundo as normas técnicas disponíveis da ABNT – obras de engenharia geológica – com simples "buracos" de onde se extrai água, privilegiando o empirismo e a improvisação.

Entretanto, a importância das águas subterrâneas, como fonte segura e mais barata de abastecimento doméstico, evoluiu sensivelmente nos países do primeiro mundo, de tal forma que na 5ª fase do Programa Hidrológico Internacional (1996-2001) a água subterrânea é um tema prioritário. Ressalta-se que as águas subterrâneas representam cerca de 30% dos recursos de água-doce da Terra, enquanto rios e lagos correspondem a menos de 1% e que os maiores volumes formam as calotas polares e geleiras, porém distantes das áreas mais povoadas. Atualmente, o manancial subterrâneo vem sendo utilizado para abastecer mais de 60% do consumo doméstico, entre 20% e 40% do consumo industrial no mundo, e é a base do desenvolvimento do Centro-Oeste Americano, a maior economia de todos os tempos em zona árida com coração desértico.

O manejo integrado das águas superficiais e subterrâneas, tendo-se como unidade de planejamento a bacia hidrográfica, representa a abordagem mais promissora. Para tanto, considera-se a bacia hidrográfica, a qual é delimitada pelas cristas topográficas ou divisores superficiais das águas, e as correspondentes células hidráulicas dos sistemas de fluxos subterrâneos. A qualidade da água subterrânea pode ser protegida dos agentes de poluição que afetam rapidamente o solo e as águas dos rios, mediante medidas preventivas do ordenamento do território, adoção de perímetros de proteção das captações e utilização de instrumentos institucionais e legais de outorga, os quais devem impor características técnicas adequadas às captações. Finalmente, resta adotar a filosofia preconizada por René Descartes há mais de três séculos: por que repetir os erros, quando há tantos novos para cometer?

22 DE MARÇO: DIA MUNDIAL DA ÁGUA

mar./1999

Mais uma vez pessimistas e otimistas são convidados ao debate sobre as alternativas de solução dos problemas de abastecimento de água da população do mundo, estimada em 6 bilhões no ano 2000. Nesse particular, deve-se considerar que o fato de os pessimistas estarem errados, não significa, necessariamente, que os otimistas têm toda a razão.

Na realidade, os pessimistas dão ênfase ao Brasil-problema, colocando-o na vala comum dos países que apresentam, efetivamente, problemas de escassez de água – menos de 1.000 m³/hab/ano. Essa cínica "estratégia da escassez" não leva em consideração que os nossos problemas decorrem, basicamente, da vexatória ineficiência dos nossos serviços de água, da nossa cultura do desperdício de água e degradação do ambiente, do caótico crescimento urbano que nos leva a conviver com a maior parte do lixo que se produz e a transformar os nossos rios em esgotos a céu aberto.

Por outro lado, os otimistas ressaltam o Brasil-potencial considerando que, muito embora os processos de renovação das águas dos nossos rios sejam muito variados e a distribuição das descargas seja pouco compatível com as demandas – tanto no espaço como no tempo – esses mananciais proporcionam em 81% das Unidades da Federação, um potencial social superior a 2.000 m³/hab/ano, valor considerado como suficiente pelas Nações Unidas para usufruto do conforto da vida moderna e garantia de um desenvolvimento sustentado. Nos restantes 19%, os potenciais sociais ficam entre 1.000 m³/hab/ano e 2.000 m³/hab/ano.

Ademais, os 112 mil km³ de reservas de água subterrânea do Brasil constituem um manancial ainda muito pouco utilizado, por razões as mais diversas, onde se ressalta o pouco conhecimento hidrogeológico dos "tomadores de decisão". As disponibilidades de água-doce subterrânea são da ordem de 5 mil m³/hab/ano. Essa água subterrânea é a componente invisível do ciclo hidrológico, sendo, portanto, realimentada pelas infiltrações das chuvas que caem no domínio hidrográfico em apreço. Ademais, pelo fato de ocorrer sob uma certa espessura de material não saturado, a água subterrânea acha-se, comparativamente, mais bem protegida dos agentes de poluição que afetam rapidamente os rios, pelos processos de filtração, autodepuração biogeoquímica, resultando numa qualidade adequada ao consumo, sem necessidade de tratamento prévio e, consequentemente, mais barata. Essas características levaram as Nações Unidas a propor o consumo humano como uso prioritário das águas subterrâneas. Pelo fato de circularem lentamente pelo subsolo – velocidade da ordem de cm/dia – as águas subterrâneas constituem estoques de regularização do fluxo dos rios durante os períodos de estiagem ou de secas prolongadas. Os prazos de execução das obras são curtos – da ordem de dezenas de dias contra dezenas de meses ou anos para captação das águas dos rios – não existindo, portanto, problemas de "lucros cessantes" e possibilitando o parcelamento dos investimentos necessários, em sintonia com o progressivo crescimento das demandas. Todas essas características das águas subterrâneas vêm sendo devidamente consideradas nas ações de gerenciamento integrado das águas nos países ricos, onde dinheiro é para ganhar dinheiro. Em contraste, nos países pobres, onde dinheiro é para gastar, ainda se observa maior preferência pelas alternativas que envolvem a construção de obras extraordinárias – barragens, estações de recalque, adutoras, estações de tratamento – comparativamente, mais fotogênicas e geradoras de prestígio político – administrativo. Nesse quadro, as ações de gerenciamento dos recursos hídricos ainda compreendem, regra geral, um balanço entre ofertas e demandas que embutem os grandes desperdícios e ineficiência dos serviços, e um plano de obras. Nessa abordagem muito pouca atenção vem sendo dada à busca de metas de uso e conservação mais eficientes – redução dos níveis de desperdício, de perdas nos sistemas de distribuição ou de faturamento, degradação da qualidade, manejo do conjunto espécie cultivada/solo/água com vista a uma maior produtividade por m³ de água, utilização das águas subterrâneas – e migração da cultura burocrática ainda dominante para uma atuação gerencial dos resultados que mais interessam à coletividade; eficiência e qualidade garantidas e menores preços de mercado. Efetivamente, ainda predomina, no Brasil, o modelo estimulado, consentido ou tolerado pelos governos e pelas agências de financiamento nacionais ou internacionais, de preferência pela construção de obras extraordinárias envolvendo grandes somas de dinheiro público, prática que é manipulada pela "política de bastidores", a qual toma decisões em nome da sociedade.

Por sua vez, a captação das águas subterrâneas, por ser mais barata, vem sendo preferida, pela iniciativa privada, a qual tem dinheiro para ganhar mais dinheiro. Dessa forma, a água subterrânea vem sendo mais utilizada para autoabastecimento pelas indústrias, para abastecimento de hotéis, hospitais, clubes, condomínios. Na agricultura, muito embora as áreas irrigadas com água subterrânea sejam relativamente pequenas – de menos de uma dezena até uma centena de hectares, e portanto, de pouco interesse dos programas governamentais "estruturantes" e das agências de financiamento, tanto nacionais como internacionais – proporcionam maior rentabilidade dos investimentos realizados.

Essa tendência mundial já vem se caracterizando no Brasil, em geral, e no Nordeste, em particular, surpreendendo a preferência tradicional pelos grandes projetos e despertando a cobiça de órgãos gestores para implantação dos dispositivos de cobrança das águas subterrâneas. Porém, é de fundamental importância migrar do modelo burocrático e paternalista de água recurso de sobrevivência, para o modelo água capital social e econômico, cuja meta é a eficiência do seu uso e proteção da sua qualidade, como fatores competitivos do mercado global.

DIA MUNDIAL DA ÁGUA: PRODUTIVIDADE E MISERICÓRDIA

abr./1999

Na semana que teve início em 22 de março – Dia Mundial da Água – participei de vários eventos comemorativos, destacando-se: O Dia Mundial da Água de Belém, O Ciclo de Palestras – Gestão das Águas no Maranhão, Exposição de Fortaleza, todas promovidas pela ABAS.

No plano Internacional, destaca-se a formação do Conselho Mundial da Água instalado no Cairo-Egito, sob a presidência do Banco Mundial.

Numa análise do muito que se disse e se fez no mundo, verifica-se uma nítida divisão dos povos, em termos de suas percepções sobre o problema da água: os povos com síndrome de escassez de água e os povos com síndrome de abundância de água.

Por outro lado, o "Dia Mundial da Água" constituiu uma grande oportunidade para os povos do mundo desenvolvido reafirmarem suas metas de crescente eficiência no seu uso, de proteção da sua qualidade e de obtenção de níveis cada vez maiores de produtividade por metro cúbico de água disponível. Assim é que, nos países da União Econômica Europeia, cujos potenciais médios de água nos seus rios situam-se entre menos de 500 e 2.000 m^3/habitante/ano, o desafio posto é que, para vencer a crise da água nos próximos 30 anos, esses países deverão ser capazes de produzir – agricultura e indústria – para exportar seis vezes a quantidade atual. Em Israel, país situado na classe dos muito pobres de água – menos de 500 m³/habitante/ano – a meta é de continuar tendo um incremento de 5% por ano da eficiência, em especial nos anos de secas. No período de secas de 1986-1991 foi conseguida uma redução de 29% no consumo total de água, sem perda da produção agrícola ou queda do seu PIB. No setor agrícola, a economia de água foi de 40% nesse período. Atualmente, Israel enfrenta um dos mais severos períodos de secas dos últimos 50 anos, e vem logrando uma redução do consumo total de água de 25%, sem perda de produção e qualidade de vida da sua população. Dentre os 33 países do mundo que deverão apresentar "estresse de água" – menos de 1.000 m³/habitante/ano – ou "escassez de água" – menos de 500 m³/habitante/ano – no ano 2025, segundo avaliação das Nações Unidas, Israel é onde estão sendo feitos, efetivamente, os maiores esforços para obtenção de uma crescente eficiência no uso da água disponível.

Nos Estados Unidos, as metas compreendem a redução gradativa dos níveis de consumo, hoje os maiores do mundo – superiores a 2.000 m³/habitante/ano. Outra meta é não perder a hegemonia de maior produtor mundial de alimentos. Para tanto, desenvolvem-se os mais avançados processos de gestão integrada das suas águas, destacando-se o reúso não potável ou potável, a gestão ativa dos aquíferos "Aquifer Storage Recovery – ASR", a utilização crescente das águas subterrâneas para abastecimento humano, tendo em vista a sua melhor qualidade e proteção natural contra os agentes de poluição que afetam os mananciais de superfície. No plano financeiro, uma análise de 13 sistemas de ASR nos Estados Unidos indicam custos mais de 10 vezes inferiores à dessalinização e de 7 vezes mais baratos do que estocar e tratar água dos rios.

Nos países em desenvolvimento ou emergentes em geral e no Brasil, em particular, o Dia Mundial da Água constituiu uma oportunidade para renovar os pedidos de misericórdia: (1) Misericórdia, pois perdemos entre 40-60% da água tratada, por vazamento, desperdício ou ineficiência burocrática/gerencial; (2) Misericórdia, pois embora ostentem-se índices de 80-90% da população urbana servida pela rede de água, o abastecimento é muito irregular – rodízios sistemáticos e frequente falta de água – e a qualidade da água fornecida não é garantida; (3) Misericórdia, pois 53% da população urbana e mais de 60% da população total não têm coleta de esgoto e da parcela coletada 90% são lançados sem tratamento nos rios, praias e outros corpos receptores no meio urbano; (4) Misericórdia, pois apenas 72% dos domicílios têm coleta de lixo, sendo 90% depositados a céu aberto, degradando o ambiente e sendo carreados pelas enxurradas para os rios e outros corpos de água; (5) Misericórdia, pois embora haja abundância de água-doce nos nossos rios – mais de 2.000 m³/habitante/ano em 80% das

Unidades da Federação e entre 1.000 e 2.000 m³/habitante/ano nas restantes. Os potenciais de água subterrânea com potabilidade natural, desde que captadas de forma adequada – portanto, mais baratas e mais bem protegidas dos agentes de poluição que afetam os rios e outros corpos de água de superfície – representam uma disponibilidade de 5.000 m³/habitante/ano, em condições técnicas e econômicas de abastecer cerca de 80% das nossas cidades. Não obstante, prevalece a "estratégia da escassez" para obtenção de verbas ou financiamentos privilegiados dos agentes nacionais e internacionais; (6) Misericórdia, pois embora os investimentos necessários para o "Brasil limpar a cara" sejam relativamente importantes, as estimativas do BNDES representam menos de 40% do que já foi aplicado no PROER.

Falta, portanto, vontade política para retirar o Brasil da vala comum dos países que enfrentam ou enfrentarão problemas de escassez de água no próximo milênio. Por sua vez, o redesenho das Cias. de Água – públicas ou privadas – significa migrar da cultura burocrática para uma atividade gerencial que não se limita a tocar obras, mas uma empresa que produz – e o seu produto significa saúde e conforto da população em geral.

MISERICÓRDIA PARA RECIFE

maio/1999

O Grande Recife está enfrentando um verdadeiro colapso dos seus serviços de abastecimento de água. Para alguns, é um exemplo da "crise de água" que deverá afetar o mundo no próximo milênio. Vale salientar, todavia, que em apenas cerca de 20% dos países membros das Nações Unidas, no ano 2025, os potenciais nos seus rios deverão ser inferiores aos quase 1.000 m³/hab/ano que disporá cada pernambucano. Dessa forma, não faltará água no mundo e muito menos na região mais chuvosa de Pernambuco. Porém, muito certamente faltará água na sua torneira, se a eficiência atual da empresa de abastecimento permanecer tão baixa e você continuar desperdiçando e degradando a qualidade dos recursos disponíveis.

Das crises devemos tirar ensinamentos.

O primeiro é que a "crise de água" do mundo resulta do fato de apenas um terço da população usufruir de um serviço sanitário eficiente: abastecimento de água regular e de qualidade garantida, coleta e tratamento dos seus esgotos, coleta e disposição adequada do lixo que produz.

O segundo ensinamento é que a "crise de água" dos dois terços restantes da população mundial não resulta da falta de água ou de recursos financeiros, mas de prioridade política para solucioná-los. No Brasil, por exemplo, com os recursos de água superficial e subterrânea – disponíveis e financeiros do FGTS, mais 14,3 bilhões de dólares americanos destinados pelo BNDES, desde 1977, mais os recursos orçamentários da União e as contrapartidas estaduais, receitas tarifárias das empresas de abastecimento estimadas em 5 bilhões de dólares/ano e recursos externos, principalmente via BID, BIRD – não se justifica o caótico quadro sanitário das nossas cidades, em geral, e das regiões metropolitanas, principalmente.

O terceiro ensinamento é que a "a crise de água" no Recife é o resultado da displicência, da incompetência e do descaso administrativo de governos e "tomadores de decisão" que não deram prioridade à solução dos problemas sanitários nas zonas urbanas e dos recursos hídricos em geral do Estado e do País.

O pernambucano, comparativamente ao habitante das demais Unidades da Federação, é o indivíduo mais pobre de água-doce renovável.

O Estado de Pernambuco é o mais carente de gerenciamento integrado da sua água-doce – superficial e subterrânea – do Brasil, em geral, e do Nordeste, em especial, a falta de prioridade de uma gestão responsável dos recursos de água-doce disponíveis faz com que: i) um período de estiagem mais acentuada seque quase metade das 13 barragens utilizadas pela empresa de abastecimento; ii) uma obra de captação aguarde uma solução, há vários anos, dos problemas detectados de superfaturamento e outras falcatruas; iii) a rede de distribuição vaze mais de 50% do volume de água tratada que é aduzida; iv), essa água tratada chegue à torneira do cidadão de forma muito irregular e sem qualidade garantida; v) milhares de poços privados sejam construídos sem qualidade técnica adequada e tenham uso desordenado.

O somatório de todas essas deficiências resulta na falta d'água para beber, no banheiro e na torneira da cozinha da maioria da população da área metropolitana, estimada em perto de 3 milhões. Esse quadro é agravado pela falta de coleta e, principalmente, tratamento dos esgotos antes de lançá-los nos rios, nas praias e outros ambientes de lazer da população, falta de coleta e disposição adequada do lixo que produz, o qual é carreado pelas enxurradas, quando chove, indo entulhar a drenagem urbana e degradar os rios, mangues e praias.

Nos países desenvolvidos, onde água é um capital, fator competitivo do mercado para ganhar dinheiro, inclusive com turismo, a "crise de água" seria administrada, num curto prazo, mediante a utilização das águas subterrâneas – como um recurso permanente, naturalmente potável quando captado por poços de qualidade técnica adequada, estratégico e prioritário – para abastecimento das demandas vitais: água para beber, uso doméstico, hospitalar e higiene pessoal. A vazão de quase um mil litros por segundo dos cerca de 2.000 poços já perfurados, quando bem gerenciada daria para atender mais da metade dos 3 milhões de habitantes do Grande Recife.

A médio e longo prazo, ações de gestão integrada da água-doce territorial disponível – superficial e subterrânea – seriam postas em prática, mediante campanhas educativas da população para redução dos desperdícios, medição mais ampla possível dos consumos e faturamentos, utilização de tarifas sazonais, redução dos vazamentos ou perdas totais aos níveis aceitáveis internacionais da ordem de 10%, utilização prioritária das águas de melhor qualidade para consumo doméstico e as de menor qualidade para usos não potáveis, mediante o reúso das águas pluviais urbanas e dos esgotos, reciclagem ou efluente zero nas indústrias. Nesse quadro, a análise financeira de projetos nos países onde dinheiro é para ganhar dinheiro e não só para gastar, revela que as alternativas tecnológicas têm custos decrescentes (US$ por metro cúbico de água) na ordem seguinte: usinas de dessanilização de águas com teores de até 10 gr/l em região com abundância de energia elétrica (0,6 a 1,0), importação de água de fontes distantes para tratamento convencional (0,2-0,6), reúso não potável (0,07-0,5), utilização de água subterrânea (0,08). A dessalinização da água do mar representa um caso muito especial, cujos custos são geralmente os mais elevados num cotejo de alternativas.

A gestão ativa dos aquíferos ou de *Aquifer Storage Recovery* representa, atualmente, a alternativa mais econômica para reúso de água pluvial urbana ou de esgoto doméstico.

Essa alternativa – viável e necessária na região do Grande Recife – compreende uma fase de realimentação dos aquíferos da área por meio de poços de injeção, os quais, na fase de escassez relativa ou de maior demanda de água de consumo, se transforma em poços de produção. O caso de Nova Iorque é bem ilustrativo do alcance dessa alternativa, onde 200.000 m³/dia em média de águas pluviais são injetados em cerca de 1.000 poços num setor de Long Island, para abastecimento de 2,5 milhões de pessoas. Na cidade de Phoenix (Arizona) onde chove em média 200 mm/ano, a infiltração de 1,8 milhão de m³/ano permite uma economia de 40% no custo de uma unidade de tratamento convencional de águas superficiais.

GESTÃO ATIVA DE AQUÍFEROS

jun./1999

As águas subterrâneas já não são consideradas no mundo desenvolvido como um "recurso escondido", conforme se pôde ver na 9ª Reunião

Bianual sobre recarga artificial de aquíferos que se realizou na cidade de Phoenix Arizona – EUA, no período de 10 a 14 de junho corrente. Regra geral, já é considerada como um recurso de grande alcance econômico pelos "tomadores de decisão" dos países ricos.

Não obstante, nos países pobres e emergentes ainda predomina o interesse pelas obras de captação dos rios mais caras, porém, comparativamente mais fotogênicas e geradoras de prestígio e outros benefícios aos mentores da "política de bastidor" que tem dominado o setor de recursos hídricos no Brasil particularmente.

Mesmo após a 1ª Conferência Mundial da Água, promovida pelas Nações Unidas, em 1977, em Mar Del Plata, onde a água subterrânea foi considerada de forma unânime pelos países membros, como um "recurso estratégico" que deveria ser utilizado para o abastecimento da maior parte da humanidade desprovida de água de boa qualidade, a sua utilização continuou sendo feita de forma improvisada e desordenada. Como resultado, em muitas partes do mundo houve processos de mineração dos mananciais subterrâneos ou de sobre-exploração dos aquíferos.

Entretanto, na maioria dos casos ocorridos nos países ricos, o balanço benefício/custo positivo da alternativa de uso racional das águas subterrâneas resultou no desenvolvimento do *Aquifer Storage Recovery*. Para tanto, foram desenvolvidas técnicas de recarga artificial direta ou indireta dos aquíferos, com os excedentes hídricos sazonais dos rios que atravessam as áreas com águas importadas e até com águas usadas tratadas.

Há cerca de duas décadas, nos países ricos, tais como Estados Unidos, França, Alemanha, Holanda, Bélgica, Austrália, dentre outros – onde dinheiro é para ganhar dinheiro e não só para gastar como acontece nos países emergentes como o Brasil – teve-se a percepção do grande alcance econômico da gestão ativa dos aquíferos. Essa abordagem significa uma intervenção no meio aquífero – sobre-explorado ou naturalmente com grande espessura não saturada – não só para produzir água, mas, sobretudo, para fazer desempenhar variadas funções, destacando-se a função de reator biofísico-químico natural, capaz de reduzir entre 40 e 60% os custos dos processos convencionais de tratamento de águas usadas, tal como ocorre em Phoenix-Arizona, cidade de mais de 2,5 milhões de habitantes em pleno deserto (P<200 mm/ano), mas famosa pelos seus campos de golfe.

Nesse caso, a prática corrente consiste em injetar águas usadas tratadas por meio de poços ou de lagoas de infiltração, para completar o processo convencional de tratamento e/ou para diluição no manancial subterrâneo, tornando-as adequadas ao consumo urbano ou industrial, para controle da intrusão de águas marinhas, tal como ocorre nas cidades litorâneas da Califórnia e em Israel.

A recarga artificial de aquíferos é, também, praticada para constituição de "bancos de água" mediante a infiltração dos excedentes hídricos que geram enchentes dos rios, excesso periódico da capacidade das estações de tratamento de águas brutas naturais ou usadas, para regularização da oferta nos períodos de secas, tal como ocorre em Israel, Califórnia, Arizona, dentre outras localidades.

Nesse particular, a *Water Factory 21* ou Fábrica de Água do Século 21, atividade em desenvolvimento ao longo dos últimos 20 anos no Orange Couty Water Distrit – Califórnia, EUA, constitui um dos melhores exemplos do quanto poderá ser útil e esperançoso o manejo integrado das águas disponíveis numa determinada área. Essa abordagem compreende a busca de otimização técnico-econômica dos métodos de tratamento de água usada, gestão econômica das águas subterrâneas das barragens existentes, de recarga dos aquíferos para adequação da qualidade das águas tratadas, e controle da interface marinha, utilização econômica das águas importadas do Rio Colorado.

Mesmo numa região onde chove menos de 200 mm/ano, a utilização de água de usinas dessalinizadoras continua sendo, comparativamente, a alternativa mais cara, sendo da ordem de 1% do volume total consumido na cidade de Santa Bárbara (Califórnia).

Outra lição que se teve – durante os 15 dias de visita aos variados casos de escassez natural de água nas regiões áridas/desérticas dos Estados Unidos, tais como Las Vegas (Nevada), Central Valley (Califórnia), Orange Couty Water District (Califórnia), Salt River Project - Phoenix (Arizona) – é que muito embora tenham os mais avançados recursos científicos, tecnológicos e dinheiro, as soluções adotadas são embasadas na melhor relação benefício/custo das diferentes alternativas de utilização das águas territoriais disponíveis.

Na maioria dos casos, combinam-se as disponibilidades de água subterrâneas, de barragens nos rios da região, de reúso não potável urbano/industrial/agrícola, de recarga de aquíferos com excessos de águas territoriais ou usadas tratadas, de água importada do Rio Colorado, para ter o *Aquifer Storage Recovery*, constituição de banco de água, controle da interface marinha. Em suma, os objetivos principais são: regularidade da oferta com garantia da qualidade e menor custo.

A prática do *Aquifer Storage Recovery* ainda é muito limitada no Brasil, pois as águas subterrâneas são, regra geral, muito pouco utilizadas. Por sua vez, a "Gestão Ativa de Aquíferos"é potencialmente possível, em termos hidrogeológicos e técnicos, apenas nos domínios de ocorrência dos terrenos sedimentares permeáveis, cuja extensão global é da ordem de três milhões de quilômetros quadrados. Nesse caso, merecem destaques os contextos sedimentares das áreas metropolitanas litorâneas da região Nordeste. No domínio semiárido com substrato impermeável subaflorante, a gestão ativa de aquífero é limitada às zonas aluviais e pacotes de sedimentos permeáveis encaixados no embasamento geológico.

OS DESAFIOS DA POBREZA

jul./1999

O Banco Mundial acaba de publicar resultados mostrando que, no próximo milênio, a produção de alimentos será mais do que suficiente para abastecer a população mundial. Não obstante, seu prognóstico é de que uma boa parcela dos povos deverá continuar passando fome, por falta de dinheiro ou de vontade política dos seus governos.

O mesmo pode ser dito em relação às águas-doces disponíveis, representadas pelas descargas dos rios e as águas subterrâneas ao alcance dos meios tecnológicos atuais. Nesse caso, o prognóstico é de que apenas um terço da humanidade disporá de água para beber no próximo milênio e que serão crescentes os riscos de falta de água em várias partes do mundo e até de ações bélicas. Isso não significa que apenas um terço da humanidade terá dinheiro para usufruir de serviços sanitários eficientes – abastecimento de água com regularidade e qualidade garantidas no nível do usuário e menor custo, uso cada vez mais eficiente da água, coleta e tratamento dos esgotos e efluentes industriais, disposição adequada dos resíduos domésticos urbanos, industriais e rurais.

Estima-se que a aplicação de 1-2% dos gastos bélicos seria suficiente para que a humanidade tivesse água limpa para beber. Os investimentos necessários à "Operação Brasil Cara Limpa" atinge um montante inferior ao já aplicado no PROER e estão disponíveis no BNDES, Banco Mundial, BID, BIRD, dentre outros, aguardando um decisão política.

Enquanto isso, o desafio 'água limpa para beber' vem crescendo no mundo subdesenvolvido, em desenvolvimento ou emergente, na medida em que a valorização econômica da água – uma mercadoria, um capital – torna-se cada vez evidente, como fator competitivo do mercado mundial. Dessa forma, a utilização da água para produção de mercadorias de interesse desse mercado, tende a ser prioritária em relação ao consumo de água limpa e produção de alimentos das populações pobres.

Verifica-se que, enquanto as metas nos países ricos em relação aos riscos de escassez de água visam à garantia da regularidade da sua oferta, com qualidade, menor custo no nível do usuário e de obtenção de crescente produtividade por m³ de água-doce disponível – combinação de água territorial superficial, subterrânea ou de reúso, importada ou produzida por usinas de dessalinização – nos países pobres ainda persiste a preferência pela alternativa mais extraordinária, geradora de prestígio administrativo e outros benefícios aos protagonistas da "política de bastidores". Nos países ricos, a luta é da sociedade por uma qualidade de vida cada vez melhor, enquanto nos países emergentes a luta ainda é de grupos de interesses por cada vez mais.

Esse contraste de atitudes torna-se bem evidente nos eventos internacionais, onde os países ricos comparecem para identificar oportunidades de ganhar mais dinheiro, enquanto para os países pobres é uma oportunidade para renovar os pedidos de misericórdia.

Nesse quadro, outro grande desafio que se apresenta é obter o apoio político necessário para as alternativas mais baratas e de uso mais racional das águas subterrâneas ou de chuva, as quais são, regra geral, captadas por meio de obras, comparativamente mais singelas e de menor custo.

A VEZ DA ÁGUA MAIS BARATA

ago./1999

O novo paradigma da globalização tem tornado evidente que rico tem dinheiro para ganhar dinheiro, enquanto pobre tem dinheiro para gastar. No campo dos recursos hídricos, a solução dos problemas de escassez quantitativa ou qualitativa da água nos países ricos tem sido buscada mediante uma utilização cada vez mais eficiente dos recursos disponíveis, oferta de água pelo menor custo possível e incremento crescente da produtividade. Em outras palavras, busca-se obter o máximo de benefício por metro cúbico de água territorial disponível. Dessa forma, os países ricos comparecem aos eventos internacionais demonstrando os seus feitos e metas: oferta, qualidade garantida e menor custo.

Enquanto isso, nos países pobres, a escassez periódica ainda tem induzido, preferencialmente, a construção de obras extraordinárias, geradoras de prestígio político/administrativo, dentre outros benefícios. Por sua vez, os seus delegados costumam comparecer aos eventos internacionais para renovação dos pedidos de misericórdia pelos baixos níveis de eficiência dos seus serviços sanitários, mesmo quando os respectivos países são muito ricos de água-doce, como é o caso do Brasil. Nesse caso, o que mais falta não é água, mas determinado padrão cultural que agregue ética e melhore a eficiência das empresas públicas e privadas promotoras do uso dos nossos recursos de água.

Entretanto, na medida em que está havendo uma escassez crescente de dinheiro para aplicação a fundo perdido e uma influência cada vez maior da percepção da água como um fator econômico competitivo do mercado globalizado, verifica-se uma mudança da cultura hidráulica tradicional para uma abordagem hidrológica econômica, a qual é mais favorável às águas subterrâneas. Dessa forma, a utilização das águas subterrâneas começa a surgir como a solução preferencial para abastecimento das cidades de médio e pequeno porte e como recurso complementar ou estratégico naquelas de grande porte.

Observa-se, no Brasil, uma apropriação descontrolada das águas subterrâneas pela população de maior poder aquisitivo e por setores econômicos importantes do meio urbano, tais como hotéis de luxo, clubes, hospitais, indústrias e condomínios de alto nível. Assim, a população urbana de maior poder aquisitivo se abastece de forma segura e mais econômica por meio de poços tubulares, livrando-se das operações de racionamento de água e dos maiores preços comparativos que são cobrados pelo serviço público.

Por sua vez, a população de menor poder aquisitivo é obrigada a se abastecer em fontes de qualidade pouco segura e, não tendo muitas vezes medidor (hidrômetro), paga por uma água que não recebe.

Entretanto, a experiência vivida nos países mais ricos tem evidenciado que a utilização integrada das águas territoriais, tais como captação de água de chuva, constituição de bancos de água no subsolo – protegida das perdas por evaporação e dos agentes de contaminação que afetam os rios – e utilização das águas subterrâneas naturalmente recarregadas constitui a alternativa mais promissora. O reúso de efluentes domésticos e industriais tratados e injetados no subsolo, engendra o incremento da oferta de água da região em apreço, além de proporcionar o saneamento ambiental – para usos urbanos não potáveis, recreação, aquicultura, agricultura e indústrias, principalmente – sendo uma solução em crescente desenvolvimento nos países mais ricos.

Dessa forma, a utilização das águas subterrâneas e a constituição de bancos de água no subsolo são alternativas altamente viáveis para abastecimento do consumo humano nos países mais ricos. Essas alternativas ampliam substancialmente o mercado de poços e as utilizações das águas subterrâneas, as quais são relativamente mais bem protegidas dos agentes de poluição e dos processos de evaporação intensa que afetam os rios e lagos e não exigem os caros processos de tratamento químico. A potabilidade natural das águas subterrâneas tem sido à base do alto valor de mercado das águas engarrafadas, bem como do seu grande alcance como manancial para abastecimento público.

A Organização Mundial da Saúde – OMS – recomenda, desde a década de 70, que se reserve as águas de melhor qualidade para consumo humano, utilizando-se as águas de menor qualidade para atendimento das demandas de atividades tais como a irrigação nas indústrias e outros tipos de demandas que não necessitem de água potável.

Nessas condições, urge que se invista no estudo das águas subterrâneas e do subsolo, para que seja possível a prática de uma gestão integrada das águas territoriais, em lugar de se utilizar o modelo herdado dos romanos com a construção de seus célebres aquedutos, em 312 a.C. para buscar água cada vez mais distante e mais cara.

Somente com a integração das águas subterrâneas e do subsolo como reator biogeoquímico, será possível uma efetiva gestão integrada, com garantia de oferta, qualidade e menor custo dos nossos abundantes recursos hídricos, em prol do desenvolvimento sustentável.

DA ESTRATÉGIA DA ESCASSEZ À CIDADANIA PELA ÁGUA

set./1999

O Brasil ostenta a maior descarga de água-doce do mundo nos seus rios, bastante para proporcionar uma taxa de 35 000 m³/ano por habitante. Todavia, conforme os quadros verificados pelas Nações Unidas nos seus países membro, 2 000 m³/hab/ano podem ser considerados como suficientes para usufruto de qualidade de vida moderna e desenvolvimento sustentado, sendo o consumo doméstico urbano de apenas 100 m³/hab/ano.

Muito embora perto de 80% dessa descarga ocorram nas áreas menos povoadas do Brasil, uma avaliação das potencialidades em cada uma das Unidades da Federação, inclusive nos Estados do Nordeste, indica que cada um de seus habitantes dispõe de tanta água quanto um cidadão dos países mais ricos do mundo.

Porém, a maioria das nossas cidades apresenta problemas de abastecimento de água, caracterizados, principalmente, pela irregularidade do fornecimento e falta de garantia da qualidade da água que chega na torneira do usuário. Esse quadro resulta da baixa eficiência das empresas de abastecimento e da degradação da qualidade em níveis nunca imaginados, devido ao lançamento de perto de 90% dos esgotos não tratados nos rios, açudes, lagoas e outros corpos de água, além das precárias condições de coleta e disposição do lixo que se produz.

Costuma-se argumentar falta de recursos financeiros para proporcionar um serviço decente, embora muito mais caro do que tratar esgoto e fornecer água de boa qualidade à população seja gastar dinheiro para combater as doenças que são geradas pelo caótico quadro sanitário das nossas cidades – irregularidade do abastecimento e má qualidade da água fornecida, falta de coleta, afastamento, tratamento e disposição adequada do esgoto e lixo que se produz –, além dos prejuízos econômicos decorrentes das frequentes faltas ao trabalho e baixa produtividade.

As águas subterrâneas, cujas disponibilidades são da ordem de 5.000 m^3/hab/ano, poderiam constituir o manancial permanente e seguro para abastecer mais de 80% das nossas cidades, recurso complementar e estratégico na maioria das grandes cidades e até nas áreas metropolitanas, mas ainda têm um nível de uso muito baixo.

A "Estratégia da Escassez" de água corresponde à tática desenvolvida pela "política de bastidores" que consiste na manipulação consentida ou tolerada de operações rodízio e faltas sistemáticas de fornecimento de água, como fundamento para obtenção de prestígio político, de objetivos eleitoreiros e de liberação de verbas ou investimentos privilegiados pelos agentes financeiros nacionais e internacionais.

Outra feição da "Estratégia da Escassez" corresponde a falta de compromisso com a regularidade da oferta, com a qualidade da água que chega na torneira do consumidor em geral e com a obtenção do m^3 de água mais barato possível no nível do usuário. Regra geral, a combinação de mananciais – águas superficiais, subterrâneas, reúso, dentre outras alternativas – representa a solução mais promissora. Essa "Estratégia da Escassez" engendra o caótico e vexaminoso quadro sanitário característico das nossas cidades, colocando o Brasil na vala comum dos países pobres (500-1.000 m^3/hab/ano) ou muito pobres de água (menos de 500 m^3/hab/ano).

O desenvolvimento da "cidadania pela água" é a única maneira de migrar dessa situação do Brasil – problema imposto pela "política de bastidores", para uma condição do Brasil-potencial, onde a água-doce é um capital ecológico comparativamente abundante, mas fator competitivo do mercado, tanto para abastecimento da população, produção de alimentos e usufruto de uma qualidade de vida decente, quanto para manutenção da mais extensa e exuberante cobertura vegetal-natural ou cultivada – para captura de CO_2, o maior negócio internacional do Terceiro Milênio.

Nesse particular, a percepção dessa condição privilegiada do Brasil, tanto em termos de água-doce quanto de biomassa, seja pela sociedade organizada, seja pelo cidadão e, sobretudo, pelos jovens que nos deixam esperançosos de um futuro menos vexaminoso de um Brasil Cara Limpa, conforme pode-se ver no trabalho premiado, em seguida transcrito.

"GOTA AZUL"

Ainda não se sabe se em outro planeta há de fato água. Por enquanto, esse fluido essencial para a vida só existe aqui na Terra, que é composta mais de água do que de outra substância, por isso, não seria absurdo nenhum se o planeta em que vivemos fosse chamado de Água.

Mas o Planeta Água corre o risco de ter seu precioso líquido extinto porque estão jogando petróleo nos mares, estão poluindo as praias, os rios, as fontes de água límpida que alimentam a vida toda. Os oceanos viraram cestos de lixo universal e quase todo o dia há notícia de mais um desastre nas águas em consequência das atividades humanas.

Nos últimos anos, algumas pessoas, autoridades e gente do povo, tomaram consciência de que a água é tão importante que determinaram o seu dia, 22 de março. Embora isso ainda seja pouco, acho que cada um deva fazer sua parte procurando se informar sobre o assunto, evitar qualquer desperdício, consertar aquele vazamento, fechar corretamente as torneiras, não sujar nem um manancial e ensinar as crianças a cuidarem da água para ela não acabar no futuro.

Também é importante cobrar dos governos ações que melhorem o tratamento e o abastecimento de água. Há lugares onde crianças deixam de ir à escola para buscarem muito longe um baldezinho só, lugares onde se adoece por beber água contaminada. A opinião pública tem grande poder de decidir e de mudar as coisas.

Que a Terra, esta pequena "Gota Azul", flua por muito tempo e dê vida na imensidão do espaço.

– Fábio Eugênio – Aluno do 1º ano do Curso de Saneamento do CEFET/Pará

ÁGUA SUBTERRÂNEA E AVANÇA BRASIL

out./1999

A Comissão Econômica das Nações Unidas (1986) recomenda que "as águas de melhor qualidade devam ser reservadas para abastecimento humano, utilizando-se as de menor qualidade ou não potáveis no desenvolvimento das outras atividades, tais como agricultura, indústrias, embelezamento urbano, etc. Nesse quadro, a água subterrânea quando captada por meio de poços bem construídos, constitui o manancial permanente mais seguro, social, flexível e mais barato para abastecimento humano, na medida em que as condições de ocorrência e fluxo da água pelo subsolo da região evidenciada lhe proporcionam proteção e autodepuração em níveis impossíveis de serem alcançados – em termos tecnológicos ou de custos – pelos processos de tratamento das águas dos rios, lagos e outras fontes superficiais.

Como resultado, a água subterrânea já é o manancial mais utilizado para abastecimento público nos países mais ricos do mundo, onde dinheiro é para ganhar mais dinheiro e não só para gastar, como é regra geral nos países pobres ou emergentes. Essa situação vem sendo percebida pelas empresas de abastecimento de água que não são meras tocadoras de obras, mas têm como produto saúde e conforto e devem alcançar eficiência financeira, verificando-se uma verdadeira corrida à extração da água subterrânea. Nesse quadro, não se trata de incorporar as águas subterrâneas doces, em função da sua grande abundância e pouco uso relativo, mas de obter os benefícios econômicos do seu maior valor de competitividade financeira no mercado. Lamentavelmente, falta conhecimento hidrogeológico e controle – federal, estadual e municipal – da extração da água subterrânea no Brasil.

Esse desconhecimento, sem dúvida profundo e generalizado, muito contribui para a preferência pelos projetos mais caros, porém, mais fotogênicos – barragens e lagos de acumulação, estações de captação, estações de recalque, adutoras e estações de tratamento das águas dos rios – geradores de prestígio administrativo e dividendos políticos. Por sua vez, como qualquer condomínio, indústria ou particular pode perfurar um poço na sua propriedade sem nenhum controle federal, estadual ou municipal e, frequentemente sem tecnologia adequada, põe em risco de contaminação ou sobre extração o manancial subterrâneo. A proliferação de poços construídos sem tecnologia ou critério de qualidade é, de certa forma, estimulada pela prática que impõe a seleção de propostas com base no menor preço, sem preocupação com a qualidade tecnológica do serviço que será executado e dos materiais que serão empregados.

Esse processo prejudica as empresas mais sérias e com melhores condições de executar uma boa obra.

Entretanto, o resultado é que o barato acaba ficando mais caro – a médio e longo prazos – e consolida-se a ideia de que um abastecimento com água subterrânea é uma solução complicada e um grande risco.

Todavia, o manancial subterrâneo constitui a alternativa mais viável de abastecimento, mesmo na região Amazônica.

ANA – AGÊNCIA NACIONAL DA ÁGUA E AS ÁGUAS SUBTERRÂNEAS

nov./1999

Anuncia-se, com frequência crescente, a perspectiva sombria no próximo milênio da "Guerra da Água". Nesse cenário, qual será o papel do Brasil, país que ostenta as maiores descargas de água-doce do mundo nos seus rios? Será de ser invadido pelos povos sedentos ou de ser objeto da cobiça do negócio global da água?

Certamente, em qualquer circunstância, o Brasil terá que assumir uma posição ética, econômica e ecológica. Nesse quadro, as águas subterrâneas, cujo maior alcance econômico e flexibilidade social deriva do fato de serem muito abundantes, de terem qualidade natural adequada ao consumo e estarem relativamente mais bem protegidas dos agentes de poluição que afetam rapidamente os cursos d'água e outros mananciais de superfície – salvo casos locais e ocasionais ou derivados do seu mau uso. Portanto, é fácil perceber que num balanço de custo-benefício, as águas subterrâneas são a perspectiva mais promissora de abastecimento humano das empresas públicas ou privadas de abastecimento de água que têm como objetivos: garantia da regularidade da oferta, qualidade na torneira do usuário e menor custo, com fator competitivo do mercado.

Não obstante, o Brasil parece não perceber essa sua situação privilegiada, porque protela a passagem do modelo tradicional da "política de bastidores" cujo lócus é o interior de gabinetes indevassáveis e os seus protagonistas são indivíduos influentes que exercem vários tipos de pressões, inclusive de decisões tomadas em nome do Estado, e dos interesses que alimentam. Todos esses problemas são típicos de um momento histórico ultramoderno enquanto as instituições brasileiras datam de outra época, uma época em que vida social não tinha a complexidade que hoje possui. Como resultado, propõe-se que a ANA cuide dos rios federais, principalmente.

Quem cuidará das variadas funções dos aquíferos subterrâneos: de produção de água, da formação de bancos de água, do reúso das águas – o qual já se pratica de forma crescente nas indústrias – dos nossos pantanais, das águas estuarinas e costeiras impactadas pelas descargas dos nossos rios e emissários submarinos, da captação de água de chuva, dentre outras formas de apropriação dos nossos recursos hídricos?

A função paleolítica proposta para a ANA é altamente frustrante, sobretudo quando foi apresentada pelo meio científico e profissional, com a percepção de que visão sem ação não passa de um sonho. A ação sem visão é só um passatempo. Portanto, a ANA tem que ter visão e ação para evitar a manipulação tradicional da "política de bastidores" e migrar para o modelo democrático e participativo preconizado na Constituição de 1988 e na Lei 9.433/97.

MENOR INEFICIÊNCIA: O DESAFIO DO TERCEIRO MILÊNIO

dez./1999

Quando Dionysius Exiguus (Dionísio, o Pequeno) compilou as tabelas da Páscoa para o Papa João I, no século VI, o conceito do zero ainda não entrara no pensamento ocidental, nem constava dos numerais romanos. Assim, a era cristã de Dionísio perdeu os doze meses do ano zero (0) necessários para se chegar ao Anno Domini 1. Portanto, o ABAS Informa do mês de Dezembro sendo o derradeiro do ano de 1999 e deste 2º milênio, aproveito a oportunidade para AGRADECER ÀS ATENCIOSAS REFERÊNCIAS À ESTA COLUNA E APRESENTAR OS MEUS SINCEROS VOTOS DE UM PRÓSPERO 2000, ANO ZERO DO TERCEIRO MILÊNIO.

Ao longo das últimas décadas do 2º milênio que ora termina, o paradigma do desenvolvimento sustentado foi consolidado e se tornou um dos principais objetivos das nações signatárias da Agenda 21, o mais importante documento da Rio-92. Nesse quadro, as Nações Unidas constatam que uma oferta de água de 1.000 m³/hab/ano pode ser considerada como regular e de 2.000 m³/hab/ano como suficiente para usufruto de uma boa qualidade de vida num contexto de desenvolvimento sustentado. A uma oferta de 100 m³/hab/ano para consumo urbano pode ser considerada como muito boa taxa.

Além disso, o conceito de "substituição de fontes" expresso pelo Conselho Econômico e Social das Nações Unidas, desde 1985, se mostra como a alternativa mais viável para satisfazer as demandas de água de menor qualidade, reservando aquelas de melhor qualidade para os usos mais nobres, como o abastecimento público. Assim, a utilização prioritária das águas subterrâneas para abastecimento humano nos países ricos – os quais têm dinheiro para ganhar mais dinheiro – passou a representar uma promissora oportunidade de negócio, pois, regra geral, estas estão mais bem protegidas dos agentes de poluição que afetam os mananciais de superfície e não exigem os dispendiosos processos de tratamento, indispensáveis no caso da captação de água de um rio, açude ou lagoa.

Por sua vez, os aquíferos subterrâneos podem constituir bancos naturais de água ao abrigo dos processos de evaporação intensa e dos agentes de poluição. Dessa forma, nos domínios sedimentares do Brasil em geral e do Nordeste, em particular, torna-se possível formar bancos de água no subsolo – com água de enchente dos rios, águas pluviais do meio urbano ou coletadas por implúvios diversos, tais como aeroportos, estradas, água de reúso não potável no meio urbano, indústrias e agricultura, recarga artificial de aquíferos com água de reúso para controle da interface marinha ou aumento da oferta de água não potável para uso industrial e agrícola, principalmente. A formação de bancos de água no subsolo são práticas que já se tornam cada dia mais promissoras nos países desenvolvidos.

Vale assinalar que o Brasil ostenta as maiores descargas de água-doce do mundo nos seus rios, significando uma taxa de 35.000 m^3/hab/ano e mais cerca de 5.000 m^3/hab/ano de água subterrânea, correspondentes à uma parcela das taxas anuais de recarga dos seus aquíferos. Apesar da má distribuição das descargas dos rios, onde cerca de 78% ocorrem nas regiões menos povoadas, em nenhuma Unidade da Federação tem-se menos de 1.000 m^3/hab/ano.

Contudo, os confortáveis índices que assinalam mais de 85% da população urbana servida pelas redes de distribuição escondem as frequentes falta de água e as operações rodízio no meio urbano. Além disso, as redes de distribuição de água apresentam altas taxas de perda – entre 30 e 60% – dos volumes de água tratada que são nelas injetados. Dessa forma, quando a pressão cai na rede há entrada de água contaminada, a qual é transportada pela rede de distribuição quando chega nova pressão, resultando na falta de qualidade da água na torneira do usuário, apesar das grandes doses de cloro injetadas.

Portanto, a "crise da água" no Brasil revela-se uma "crise de eficiência" dos serviços de saneamento básico, caracterizada pelas faltas frequentes de água na rede de distribuição, pela falta de garantia da qualidade da água que chega na torneira do usuário, pela falta de compromisso com o menor custo possível da água fornecida, pelas práticas de lançamento dos esgotos não tratados nos rios, açudes e outros mananciais, pelo fato de se conviver com a maior parte do lixo que se produz, pelas formas desordenadas de uso e ocupação do meio físico, tanto urbano como rural, principalmente.

Consequentemente, as águas dos nossos rios, açudes, lagos e similares, onde a população normalmente se abastece, já perderam as suas características de potabilidade natural, exatamente lá onde se fazem mais necessárias. Nesse quadro, os mananciais de água-doce estão ficando cada vez mais raros e distantes dos consumidores e os processos de tratamento para torná-las potáveis estão ficando cada vez mais complexos, menos eficientes e mais caros.

Como resultado, a importância econômica das águas subterrâneas cresce. Contudo, é de fundamental importância que as obras de recarga artificial/captação atendam especificações básicas e controle, pois a má fama do poço como fonte de abastecimento resulta, fundamentalmente, do fato de este nem sempre atender às características adequadas de uma obra de engenharia geológica (sucessão de camadas aquíferas, aquicludes ou aquitardes), de engenharia hidráulica (extensão, abertura e colocação dos filtros nos intervalos mais promissores de produção de água, operação e manutenção) e de engenharia sanitária (cimentação do espaço anelar até uma profundidade de 30-50 m ou até a camada geológica menos permeável e adoção de perímetros de proteção dos poços).

Esses perímetros de proteção de poços são instrumentos de gerenciamento, porque se tem 5 ou 15 anos para evitar-se que o agente de contaminação que foi detectado no monitor em questão atinja o poço de produção de água.

ÁGUA SUBTERRÂNEA E GLOBALIZAÇÃO

jan./2000

Na virada do primeiro para o segundo milênio, os povos do mundo, em geral, e do continente europeu, em particular, enfrentaram um grande desafio de globalização. Naquela época, o lenitivo principal era representado pela adesão ao cristianismo – dos reis, aos nobres e dos povos – como forma de consolidar os territórios, ampliar os poderes, estabelecer relações internacionais.

Na virada deste segundo para o Terceiro Milênio, que ora experimentamos, novamente os povos do mundo enfrentam um novo desafio de globalização. Dessa vez, o lenitivo são os mercados globais, para cuja participação exige-se o atendimento a padrões UNIVERSAIS: DE EFICIÊNCIA, DE QUALIDADE DO PRODUTO QUE É OFERTADO E DE RESPEITO AO AMBIENTE – MEIO FÍSICO, BIÓTICO E ANTRÓPICO, ou seja, de respeito à ÉTICA, ECONOMIA E ECOLOGIA, cunhando-se o conceito de desenvolvimento sustentado ou sustentável.

Nesse quadro, a importância das águas subterrâneas armazenadas no subsolo da região, desponta como um fator competitivo do mercado, não só por se tratar do recurso de água-doce, relativamente mais abundante e acessível aos meios técnicos e econômicos disponíveis mas, sobretudo, pelo fato de apresentar boa qualidade natural, dispensando os, os caros processos de tratamento no caso de utilização das águas dos rios, lagos, açudes e similares. As águas subterrâneas estão, comparativamente, mais bem protegidas dos agentes de poluição que afetam, rapidamente, os rios, lagos e açudes, os quais constituem, quase sempre, os mananciais mais utilizados para abastecimento das populações.

Ademais, a característica de verdadeiro reator biogeoquímico que é o subsolo representa uma das alternativas mais promissoras para a formação de "bancos de água" ao abrigo dos processos de evaporação intensa e dos agentes de poluição, mediante a infiltração das águas das enchentes dos rios, de água pluviais urbanas, dos excedentes sazonais de água das estações de tratamento de água, de reúso de esgotos e efluentes tratados para atendimento das demandas de água não potável da indústria, meio urbano e da agricultura.

Para tanto, o poço ou qualquer outra obra de captação ou de recarga deverá ser construído atendendo às normas técnicas características de uma obra de engenharia geológica (tipos e propriedades dos terrenos atravessados) engenharia hidráulica (eficiência hidráulica das zonas produtoras e dos equipamentos de bombeamento) e de engenharia sanitária (selos e perímetros de proteção da qualidade das águas).

O AGRONEGÓCIO DA ÁGUA

fev./2000

Tradicionalmente, o prestígio do proprietário rural era referido em termos da dimensão das suas propriedades, ou seja, nos seus milhares de hectares. Nesse quadro, quanto mais terra mais prestígio social, político e cadastro bancário. Nas últimas décadas, essa medida passou a considerar a produção da sua propriedade e, mais especificamente, em termos bancários, o valor do seu faturamento anual. A partir da globalização do mercado, sobretudo sensível a partir da Rio-92, qualidade, eficiência e produtividade tornaram-se os parâmetros de referência. Nesse quadro, verifica-se um rápido crescimento da valorização econômica da água, como um fator competitivo do mercado, de tal forma que, atualmente, já se expressa o valor da propriedade rural com base na produtividade que é alcançada por m^3 de água disponível. Isso implica alcançar a maior produtividade possível, com a utilização do menor volume de água, já que este pode significar o fator restritivo mais importante na sua planilha de custos.

Assim, o agronegócio mundial impõe como consumo máximo de referência a taxa de consumo de água de 10.000 m³/hectare por ano, considerando como ótima entre 5.000 e 7.000 m³/hectare por ano. Em outros termos, produzir com utilização de taxas de água bem maiores, pode significar *dumping* ambiental, mesmo quando se argumenta abundância de água na região, seja porque ainda se utilizam métodos obsoletos de irrigação, seja porque se tem substancial subsídio financeiro ou fiscal. De qualquer forma, altos consumos de água para produzir uma determinada cultura, comparativamente ao que vem sendo obtido noutras áreas e sob condições climáticas similares, pode caracterizar uma prática desleal de mercado. Nesse caso, verifica-se uma rejeição do produto pelo mercado, ou aplica-se uma penalidade, seja pela Organização Mundial do Comércio, ONGs e outras similares especialmente atuantes nos países mais desenvolvidos.

Esse quadro torna-se sobremaneira preocupante em todo o Brasil e no Nordeste particularmente, pois a gestão dos recursos hídricos tem tido por base um plano de obras extraordinárias, fotogênicas e geradoras de prestígio político, profissional e administrativo. Nessa abordagem, pouca importância vem sendo dada às metas de uma maior eficiência dos usos da água disponível, tanto do consumo doméstico no meio urbano quanto agrícola. Assim, na ânsia de se construir obras extraordinárias, pouco se cogita na economia de água que poderia ser feita pelo uso de equipamentos sanitários mais modernos, no desenvolvimento de uma percepção do valor econômico da água como um recurso finito, na utilização racional das águas subterrâneas para abastecimento humano e nem se avaliam os variados métodos de reúso, sobretudo não potável no meio urbano, industrial e agrícola.

Além disso, o produtor não tem levado em consideração as lições do próprio mercado, tais como produzir com qualidade e eficiência o que vende, numa perspectiva econômica ou de lucro efetivo da atividade. Isso pode significar o menor consumo possível de água, maior produtividade física (t/ha/ano), maior rendimento bruto (US$/ha/ano), maior eficiência física (kg/m³ de água). Ir ao mercado com o que produziu significa enfrentar a queda de preço resultante da maior oferta do produto.

Nesse particular, observa-se que o perfil econômico da agricultura irrigada do Banco do Nordeste assinala eficiência econômica do uso da água (US$/m³) das frutas que varia entre 0,54 (abacate) e 6,10 (uva). O grupo de frutas mais promissoras em termos de mercado compreende goiaba, graviola, limão e manga, cujos níveis de eficiência econômica variam entre 2,06 e 3,00, seguindo-se maracujá (1,51), melão (1,38) e mamão (1,43). A cultura tradicional dos grãos é a que apresenta os mais baixos rendimentos, tais como arroz (0,01), feijão (0,20), milho (0,04) e soja (0,05). Algodão e cana-de-açúcar têm, respectivamente, índices de 0,40 e 0,13.

OS DESAFIOS DA "COMODITIZAÇÃO" DA ÁGUA

mar./2000

A conferência internacional do dia mundial da água do ano 2000 vai ser realizada na cidade de Haia – Holanda. Lamentavelmente, não será para comemorar, porque ainda prevalece em muitos países ineficiência dos usos, grande desperdício e degradação da qualidade da água disponível em níveis nunca imaginados. Será, contudo, uma oportunidade dos países desenvolvidos – com pouca água – cobrarem eficiência no seu uso pelos países subdesenvolvidos – ricos de água.

Nesse quadro, o Brasil comparece ostentando as maiores descargas de água-doce nos seus rios, a mais exuberante cobertura de biomassa e a maior biodiversidade do planeta, ficando fácil, certamente, mostrar que somos ricos pela própria natureza. Todavia, um dos principais desafios do Brasil em Haia será justificar os quadros sanitário e de pobreza das populações da bacia amazônica, onde as descargas dos rios representam entre 100.000 e 1.700.000 m^3/ano de água limpa por habitante de cada um dos Estados da região Norte, ou seja, entre 50 e mais de 800 vezes as taxas de 1.000 e 2.000 m^3/ano *per capita* das demandas totais verificadas na maioria dos países ditos desenvolvidos.

Da mesma forma, como justificar que os habitantes de capitais como Manaus, Belém, Recife ou São Paulo e outras cidades importantes do Brasil continuem exibindo caóticos quadros sanitário, de desperdício de água, de baixa eficiência dos seus serviços de abastecimento, como estratégias de escassez para obter verbas públicas ou investimentos privilegiados de agências nacionais ou internacionais de financiamento.

As vazões de longo período dos rios dos Estados da região Nordeste e das áreas mais densamente povoadas do Brasil representam oferta de água superior aos 1.000 m^3/ano *per capita* atingidos pelas demandas totais na maioria dos países ditos desenvolvidos da União Econômica Europeia. Além disso, como explicar que a água subterrânea no Brasil – cujas reservas utilizáveis em condições hidrológicas equilibradas são de 5.000 m^3/ano *per capita* – não seja, praticamente, utilizada como fonte segura de abastecimento, embora seja o manancial de maior flexibilidade social e econômica para abastecimento de mais de 80% das nossas cidades.

Entretanto, a percepção da água como uma *commodity* ou a "como-ditização" da água tornou-se, praticamente, universal durante a última década. Nesse quadro, a "comoditização" da água nos países ditos desenvolvidos – onde dinheiro é para ganhar mais dinheiro – tem como palavra-chave a combinação dos mananciais disponíveis para ofertar água pelo menor custo possível. Além disso, o seu uso eficiente, para obtenção do maior benefício possível por gota d'água disponível, torna-se um fator competitivo do mercado.

Portanto, os maiores desafios no Brasil da "comoditização" da água significam: (1) migrar da cultura de que dinheiro é para gastar e (2) buscar a máxima eficiência econômica por gota d'água disponível, como fator competitivo imposto pelo mercado global. De outra forma, a nossa grande ineficiência na utilização dos abundantes recursos hídricos no Brasil, em geral, e na bacia amazônica, em particular, poderá ser argumento para sua internacionalização em benefício da parcela sedenta da humanidade ou, simplesmente, como uma oportunidade dos países mais desenvolvidos de ganhar dinheiro.

A PALAVRA-CHAVE NA "GUERRA DA ÁGUA"

abr./2000

A Guerra da Água no Terceiro Milênio – gênero de "estratégia da escassez" para obter verbas ou investimentos privilegiados para tocar obras extraordinárias – parece ser a perspectiva predileta dos "especialistas" que tratam dos destinos da humanidade como forma de destacar a importância de suas opiniões. Na realidade, no plano geral, não faltará água no mundo, na maioria dos países, em muitas regiões, províncias, Estados e até localidades.

Entretanto, o crescimento desordenado do consumo da água na maioria dos países, os grandes desperdícios nos usos doméstico e agrícola, principalmente, e a degradação da qualidade em níveis nunca imaginados, farão com que, certamente, falte água na torneira de muitos usuários. Essa perspectiva deverá ocorrer, tanto nas regiões de grande abundância de água, como no Brasil de rios perenes, quanto naquelas de escassez relativa, por falta absoluta de condições de pagar a conta do fornecimento regular de água de qualidade garantida. As práticas atuais – consentidas, toleradas ou manipuladas – de baixa eficiência no fornecimento, grandes desperdícios nos usos doméstico e agrícola, degradação da qualidade, uso descontrolado das águas subterrâneas – farão com que a água de consumo humano esteja sendo captada a distâncias cada vez maiores e sendo submetida a processos de tratamento cada vez mais complexos, caros e menos eficientes.

Esse quadro constitui uma séria ameaça às populações das nossas cidades, já que a ideia de abundância de água no Brasil continua dando suporte aos baixos índices de eficiência das nossas empresas públicas e privadas de abastecimento de água – perdas de água tratada entre 30 e 70% contra 7 a 15% nos países desenvolvidos – aos grandes desperdícios no uso doméstico – prevalece a utilização de bacias sanitárias que exigem descargas de 18 litros contra 6 litros já disponíveis, ralos de 4 polegadas no banheiro que possibilitam a utilização de potentes duchas, contra ralos de – nos países desenvolvidos como forma de combate ao desperdício, principalmente – na agricultura, onde cerca de 96% da área irrigada utiliza métodos os menos eficientes – à degradação da qualidade em níveis nunca imaginados, seja pelo lançamento – consentido ou tolerado – de esgotos domésticos e efluentes industriais nos rios, seja pelo fato de se conviver com a maior parte do lixo que se produz.

Portanto, o anúncio de períodos de secas no Nordeste ou de escassez catastrófica de água nas nossas cidades deveria significar a necessidade imediata de combate à baixa eficiência atual dos serviços de abastecimento de água, aos grandes desperdícios e à degradação da sua qualidade, antes da construção de obras extraordinárias.

Considerados por Estados, os potenciais de água nos nossos rios já representam uma oferta considerada pelas Nações Unidas entre regular e suficiente para usufruto de uma qualidade de vida e desenvolvimento sustentado, ou seja, entre 1.000 e 2.000 m^3/habitante/ano no semiárido do Nordeste, entre 2.000 e 10.000 no Brasil de rios que nunca secam e entre 10.000 e mais de 100.000 m^3/hab./ano nos Estados da região Norte. Na Grande São Paulo, por exemplo, os 63 m^3/s de água tratada que abastece a população de 16 milhões de habitantes, mais cerca de 10 m^3/s dos 7.000 poços em operação, já representam uma oferta da ordem de 174 m^3/habitante/ano, muito superior, portanto, a oferta de 100 m^3/habitante/ano recomendada pelas Nações Unidas para consumo urbano. Nesse cenário, comum à maioria das regiões metropolitanas no Brasil, as frequentes faltas de água na rede e as operações rodízio, resultam da baixa eficiência dos serviços, do grande desperdício pelo usuário e da falta de controle do uso do manancial subterrâneo.

Portanto, a palavra-chave contra a "Guerra da Água" é a busca da combinação dos mananciais disponíveis – água de rios, lagos, poços, de reutilização, principalmente-, que proporcione o maior benefício possível – social, ecológico e econômico – por gota d'água disponível.

EFICIÊNCIA: ATRATIVO ECONÔMICO

maio/2000

Regra geral, a empresa de abastecimento de água que tem sido privatizada no Brasil apresenta como "dote" um volume de água captado ou uma capacidade de tratamento suficiente para fornecer, de forma regular, água à cidade em apreço. Por sua vez, a população que é servida pela rede de distribuição atinge, em geral, índice superior a 90%.

Nesse quadro, a cobiça dos grupos econômicos do setor é despertada pelas "estratégias de escassez" que justificam os processos de privatização, tais como faltas frequentes de água na rede de distribuição, operações rodízio ou de racionamento. Por sua vez, as empresas – públicas ou estatais – de abastecimento que são ofertadas à iniciativa privada apresentam índices de perda total de água de duas, três e até mais de quatro vezes superiores aos 15% considerados como razoáveis no plano internacional – relação percentual entre o volume de água tratada faturado e aquele injetado na rede de distribuição – além de grandes desperdícios no uso pelos usuários em geral.

Dessa forma, a privatização da empresa de abastecimento tem como perspectiva econômica principal fornecer água com eficiência e combater os desperdícios mais evidentes da população.

Essa privatização é feita por um prazo de 30 anos, ao cabo do qual se torna necessário aumentar o volume de água captada ou de água tratada, e ampliar ou recuperar a extensão da rede de distribuição. Portanto, após esse prazo, o serviço de água será devolvido ao poder público, para, novamente, arrumar a "noiva" para outro período de eficiente "administração" pela iniciativa privada.

Nesse quadro, a importância da água subterrâne, como manancial para abastecimento público, resulta, fundamentalmente, do fato de ser mais barata. Apresentando boa qualidade natural, dispensa os processos, cada dia mais caros, complexos e menos eficientes de tratamento das águas que são captadas de rios, lagos e outros mananciais de superfície. As águas subterrâneas estão mais bem protegidas dos agentes de contaminação – esgotos domésticos ou efluentes industriais não tratados, disposição pouco adequada no solo do lixo doméstico e resíduos industriais, principalmente – à medida que percolam lentamente pelo subsolo.

Entretanto, torna-se necessário que os poços sejam construídos, operados, mantidos e abandonados como obras de engenharia geológica, hidráulica e sanitária. De outra forma, os poços podem se transformar em focos de poluição das águas subterrâneas. Portanto, a qualidade construtiva dos poços e a eficiência do seu uso, são os atrativos máximos das águas subterrâneas como fonte segura de abastecimento da população.

Vale salientar que as condições hidrogeológicas dominantes no Brasil indicam que seria possível abastecer por poço cerca de 80% das nossas cidades. Por exemplo, no Estado de São Paulo, cerca de 72% das cidades já são abastecidas por poços. No Ceará, recente levantamento realizado pela CPRM das fontes de abastecimento da região das secas revela que onde há poço operando não há "caminhão-pipa".

ÁGUA SUBTERRÂNEA: UMA OPORTUNIDADE DE ABASTECIMENTO SEGURO

jun./2000

Numa perspectiva de atenuar os impactos econômicos e sociais dos crescentes custos de obtenção de água de beber, o Conselho de Desenvolvimento Econômico das Nações Unidas propõe, desde 1986, considerar a utilização prioritária das águas de melhor qualidade para abastecimento humano e utilizar aquelas de qualidade inferior para uso urbano não potável, industrial e agrícola, principalmente. Nesse quadro, a importância da água subterrânea como oportunidade de negócio decorre, fundamentalmente, do fato de o solo/subsolo através do qual a água infiltra e percola, proporcionar uma depuração da sua qualidade, em níveis ainda não alcançados – tanto em termos técnicos, científicos quanto econômicos – pelos métodos convencionais de tratamento das águas captadas nos rios e outros mananciais de superfície.

Mas torna-se de fundamental importância que as águas subterrâneas sejam captadas de forma adequada. De outra forma, os poços, galerias, túneis e outras obras de captação mal construídas, podem se transformar em focos de degradação da sua boa qualidade natural.

Por sua vez, as águas subterrâneas – pelo fato de ocorrerem sob uma camada mais ou menos espessa de material não saturado ou serem confinadas por camada, comparativamente, pouco permeável – estão protegidas dos agentes de poluição – urbana, industrial, agrícola, termonuclear – que afetam, rapidamente, as águas superficiais. Além disso, os investimentos necessários à sua captação podem ser realizados conforme crescem as demandas e os prazos de construção dos poços sendo da ordem de dias, não há problemas financeiros de lucros cessantes.

Como resultado, no gerenciamento integrado dos recursos hídricos de uma bacia hidrográfica, os aquíferos podem desempenhar variadas funções, destacando-se as funções de produção e de estocagem para regularização da oferta de água. Nessas condições, a água subterrânea doce – teor de Sólidos Totais Dissolvidos (STD) menor de 1.000 mg/l – representa a parcela do ciclo hidrológico que infiltra e circula "escondida" no solo/subsolo da bacia hidrográfica em apreço. Nesse quadro, a água que infiltra na camada aquífera durante os períodos mensais ou anuais de excedentes hídricos – quando a parcela de água que precipita da atmosfera na forma de chuvas, neblina ou neve, principalmente, é maior do que aquela de volta à atmosfera na forma de vapor, ou seja, P>Etp – vai se acumular na sua base sob condições de pressão atmosférica normal ou livre. Quando a camada aquífera está encerrada entre duas outras comparativamente muito menos permeáveis, diz-se que o aquífero está confinado.

Nesse quadro, as reservas de água subterrânea doce estocadas nos diferentes aquíferos que ocorrem no território nacional – volume da ordem de 112.000 km^3, o qual vem sendo realimentado pelas infiltrações das chuvas numa razão da ordem de 3.000 km^3 por ano – representam uma perspectiva de oferta de água para abastecimento garantido da população nacional da ordem de 5.000 m^3 por habitante ao ano.

Assim, mais de 80% das nossas cidades poderiam ser abastecidas por dois a três poços. Nas grandes cidades e áreas metropolitanas, as águas subterrâneas poderiam ser utilizadas como recurso complementar ou estratégico, para atendimento das demandas durante os períodos de estiagem prolongada ou de picos de demandas.

A utilização desordenada das águas subterrâneas já vem sendo realizada nas grandes cidades e áreas metropolitanas do Brasil, sobretudo pela população de maior poder aquisitivo, para abastecimento de condomínios, clubes, hotéis, hospitais, indústrias e empresas de água engarrafada. Portanto, o uso racional das águas subterrâneas poderia livrar a população das nossas cidades dos problemas atuais engendrados pela falta de abastecimento de água. De outra forma, só resta apelar aos deuses da chuva.

DIA MUNDIAL DA ÁGUA: MAIS ÉTICA, MAIS EFICIÊNCIA

jul./2000

Todos os oprimidos têm um dia mundial de luta: 8 de março, Dia da Mulher; 19 de abril, Dia do Índio; 20 de novembro, Dia da Consciência

Negra. Faz sentido existir também um Dia Mundial da Água: 22 de março, embora ela seja o componente mais abundante na Terra.

Infelizmente, na Conferência que foi realizada na cidade de Haia, Holanda, reunindo com grande pompa representantes de governos e organismos internacionais diversos, os cenários de "crise da água" continuaram sendo prognosticados com base em argumentos sensacionalistas pouco éticos e tecnicamente incorretos. Por exemplo, segundo os arautos da crise da água, marca do século XXI, esta resulta, fundamentalmente, do fato de a quantidade acumulada nos lagos de água-doce e na calha dos rios – cerca de 100 mil km^3 – ser apenas suficiente para abastecer a humanidade durante os próximos 20 anos com taxa de consumo total – doméstico, industrial e irrigação – de até 1.000 m^3/ano *per capita*. Uma taxa abaixo desse valor já caracteriza uma situação de "stress de água", segundo avaliação das Nações Unidas.

Esse tipo de argumento omite o fato de o gigantesco mecanismo de renovação das águas da Terra – que ocorre há pelo menos 3,8 bilhões de anos – proporcionar uma descarga média de água-doce de longo período nos rios do mundo da ordem de 41.000 km^3/ano, enquanto as demandas totais de água da humanidade – uso doméstico, industrial e irrigação – devem atingir, atualmente, 4.660 km^3/ano, ou cerca de 11% desses potenciais. Vale destacar, ainda, que esses prognósticos de crise da água não consideram a experiência mundial – Canadá, Estados Unidos, União Econômica Europeia, Israel, dentre outros – que já oferecem exemplos de sucesso comprovado da possibilidade de se atender crescentes demandas hídricas futuras por meio da maior eficiência dos usos atuais. Essa abordagem da crise da água, muitas vezes consentida, tolerada, manipulada e veiculada por governos nacionais e até por organismos internacionais, tenta impor aos povos mais pobres um paradigma empobrecedor e distorcido.

Em relação à água subterrânea, a abordagem feita na Conferência de Haia é ainda mais tecnicamente incorreta, ao dizer "que estas, como as calotas polares, se encontram inacessíveis aos meios técnicos e econômicos disponíveis". Mais uma vez omite-se que o conhecimento hidrogeológico crescente, competência e tecnologia vêm tornando o manancial subterrâneo cada dia mais acessível e seguro para abastecimento do consumo humano. Nesse particular, organismos das Nações Unidas – UNESCO/IHP, OMS e OECD, dentre outros – estimam que cerca de 300 milhões de poços foram perfurados nos últimos 25 anos no mundo; que perto de 100 milhões de hectares estariam sendo irrigados com água subterrânea no mundo; que 75% do abastecimento público na União Econômica Europeia – UEE – é feito com água subterrânea, atingindo-se na Alemanha, Áustria, Bélgica, Holanda e Suécia, dentre outros, índices entre 90 e 100%; que essa participação da água subterrânea no abastecimento público na UEE tende a crescer, uma vez que esse manancial mostrou-se, comparativamente, mais bem protegido da poluição radiativa engendrada pelo acidente de Chernobil-Rússia.

Nos Estados Unidos, o volume atual de água subterrânea extraído de poços tubulares é de cerca de 4.000 m³/s ou 120 bilhões m³/ano, o qual vem sendo utilizado para atendimento de mais de 70% do abastecimento público e indústrias. Estima-se que se perfura, atualmente, nos Estados Unidos, perto de um milhão de novos poços por ano (Johnston, 1997).

No Brasil, embora as águas subterrâneas continuem sendo utiliza-das de forma pouco controlada – federal, estadual ou municipal – e nem sequer estejam sendo convenientemente consideradas na Lei Federal 9.433/97, nos Planos Estaduais de Recursos Hídricos, e pela ANA – Agência Nacional das Águas recentemente aprovada pelo Legislativo Federal e aguardando a sanção do Presidente da República, os dados do último censo (IBGE, 1996) indicam que mais de 60% da população se abastece de água subterrânea. Por sua vez, a utilização de recarga anual do nosso manancial subterrâneo – fluxo de base dos rios – já representa-ria uma oferta de 5.000 m³/ano *per capita*, quando a taxa considerada pelas Nações Unidas como adequada ao usufruto de uma qualidade de vida nas cidades é de apenas 100 m³/hab/ano. Dessa forma, cerca de 70% das nossas cidades que têm população de menos de 10.000 habitantes poderiam estar sendo abastecidas por dois ou três poços, bem como os 8,8 milhões de residências que não recebem água potável, segundo dados da Associação Brasileira de Concessionárias de Serviços Públicos de Água e Esgoto (2000).

No Estado de São Paulo, recente levantamento das fontes de abaste-cimento de água (CETESB, 1998) indica que mais de 70% das cidades do Estado são abastecidas por poços. Na região metropolitana de São Paulo – RMSP – estima-se em 7.000 o número de poços em operação, os quais são utilizados pelas empresas de água engarrafada, hotéis de luxo, hospitais, condomínios privados e outros usuários de alto poder aquisitivo. Essa forma de apropriação da água subterrânea ocorre em todas as grandes cidades do Brasil, livrando os proprietários dos poços do desconforto decorrente dos frequentes racionamentos de água do serviço público. Além disso, embora essa forma de captação da água subterrânea seja descontrolada – federal, estadual e municipal – é uma alternativa altamente econômica, porque os investimentos realizados para construção dos poços são amortizados num prazo de 20 a 30% da vida útil das obras.

Mesmo no Nordeste semiárido, graças à grande intensidade das chuvas, há excedentes hídricos locais e ocasionais que infiltram, dando suporte à explosão do verde da caatinga e abastecendo as reservas de água subterrânea, conforme mostram os valores das descargas de base dos seus rios. A utilização racional de apenas 1/3 dessa recarga anual, reserva territorial ao abrigo da evaporação intensa que consome a maior parte do volume estocado nos açudes do seu contexto semiárido, representa uma oferta de água da ordem de 20 bilhões m^3/ano. Com essa parcela seria possível abastecer uma população de 10 milhões de pessoas com consumo total – doméstico, industrial e irrigação – de 2.000 m^3/ano *per capita*. Essa taxa de consumo é considerada pelas Nações Unidas como suficiente para usufruto de uma qualidade de vida moderna e desenvolvimento sustentável. Basta lembrar que a utilização racional de 20.000 poços – dentre os 50.000 já perfurados nos domínios de rochas cristalinas do Nordeste – com vazão de apenas de 2 a 5 m^3/h por poço operando durante 10 horas por dia, extrairia apenas 5% desse potencial, o suficiente para abastecer uma população de até 10 milhões de pessoas dispersa em núcleos entre 200 e 500 pessoas cada com uma taxa de 100 l/hab/dia.

Entretanto, o grande desafio para a sociedade mundial e a brasileira, em particular – incluindo seu meio técnico e tomadores de decisão – é modificar o atual pensamento, historicamente estabelecido de que a única solução para os problemas de escassez local ou temporária de água é a expansão da oferta por meio da construção de obras extraordinárias. Entretanto, vários países mostram uma experiência de sucesso comprovado da possibilidade de se resolver problemas de escassez local ou temporária de água por meio da combinação dos mananciais disponíveis – captação de chuva, rios, lagos, água subterrânea, reúso não potável das águas, principalmente – e uma maior eficiência dos usos atuais.

A construção de poços, com crescente conhecimento hidrogeológico, competência e tecnologia é, também, uma questão ética, de confiabilidade e sustentabilidade da utilização do manancial subterrâneo para solução da crise da água.

ECOS DE FORTALEZA (1)

ago./2000

No período de 31 de julho a 4 de agosto de 2000, realizou-se, em Fortaleza – Ceará, Brasil, o 1° Congresso Mundial Integrado de Águas Subterrâneas, congregando o 11° Congresso Nacional da ABAS – Associação Brasileira de Águas Subterrâneas, o 5° Congresso da ALHSUD –

Asociación Latinoamericana de Hidrologia Subterránea para el Desarrollo e colaboração da IAH – *International Association of Hydrogeologists*.

Na opinião unânime dos quase 1.500 participantes presentes, oriundos de perto de uma centena de países dos cinco continentes, o evento foi um dos maiores já realizados no mundo pelo setor de água subterrânea. Além disso, teve-se nesse evento um inusitado envolvimento da sociedade – mídia, escolas de 1° e 2° graus, técnicos de diferentes setores das águas – assim como expositores e ativa participação dos especialistas, bem ilustrando a importância econômica alcançada pelas águas subterrâneas com fator competitivo do mercado.

Nesse quadro, além das proposições que fizeram parte da Carta de Fortaleza, os participantes dos cinco continentes presentes foram unânimes em afirmar que já não é possível realizar a gestão dos recursos hídricos de uma região, Estado ou bacia hidrográfica omitindo-se o alcance das águas subterrâneas como o manancial mais flexível, social e econômico para abastecimento do consumo humano.

Entretanto, a forma empírica e improvisada da extração da água subterrânea ainda é a predominante no mundo e no Brasil. Por outro lado, os estudos e as obras de captação das águas subterrâneas têm sido realizados às custas do setor privado, principalmente, ao contrário da captação dos rios, cujos estudos e obras são realizados, realizados com dinheiro público.

Como consequência, falta conhecimento hidrogeológico sistematizado, tal como base de dados de poços, vazões extraídas, monitoramento dos níveis e da qualidade das águas subterrâneas, dos agentes de poluição que mais afetam a sua qualidade e sobre as condições de uso e proteção dos mananciais de água subterrânea. Essa falta de conhecimento hidrogeológico tem constituído, em nível nacional e no dos Estados, um sério obstáculo à implantação da cobrança pelo direito de uso da água, ou seja, de aplicação do conceito usuário-pagador das águas subterrâneas.

Portanto, para isso precisam saber, com diferentes graus de segurança e sustentabilidade, qual é o seu volume disponível e os riscos inerentes ao seu uso predatório e degradação da sua qualidade. Vale salientar que a Constituição Federal de 1988 estabeleceu, pela primeira vez, que todos os corpos de águas do Brasil são do domínio público – Federal e dos Estados – sendo as águas subterrâneas do domínio dos Estados e Distrito Federal. Entretanto, a falta de conhecimento sobre as águas subterrâneas representa um "risco soberano", ou seja, o risco de a União ou do Estado em questão não garantir a outorga de direito de uso da água, levando ao malogro o investimento feito pela empresa pública ou privada.

Nesse quadro, os Estados estão acostumados a esperar que o Governo Federal faça os levantamentos necessários e, consequentemente, não se preparam, em termos tanto de recursos humanos quanto materiais, para melhor conhecer as suas águas subterrâneas. Mas sendo as águas subterrâneas um recurso pouco fotogênico e barato, o grande desafio para a sociedade brasileira, incluindo seu meio técnico e tomadores de decisão, é modificar o atual pensamento, historicamente estabelecido de que a captação de água nos rios é a única solução para os problemas de abastecimento.

A utilização das águas subterrâneas constitui um exemplo de sucesso comprovado, tanto no nível mundial quanto nacional, da possibilidade de se atender demandas hídricas através do uso racional desse manancial. Nesse quadro, vale destacar o seu alcance como o manancial de recursos hídricos mais flexível, social e econômico para abastecimento de mais de 80% das nossas cidades. Por sua vez, o seu uso quase generalizado pelas indústrias já revela o seu grande alcance econômico. Na agricultura, o fato de o poço ser construído com dinheiro do proprietário tem sido um fator indutor de uma maior eficiência econômica do uso da água, tanto em termos de utilização mais eficiente possível da gota de água disponível, com níveis de consumo inferiores aos 5.000 m³ por hectare por ano, quanto da sua utilização nas culturas que proporcionam produtos com maiores valores agregados no mercado, tal como frutas e flores.

ECOS DE FORTALEZA (2)

set./2000

Na opinião dos participantes do 1º Congresso Mundial Integrado de Água Subterrânea, oriundos dos países mais desenvolvidos dos cinco continentes, o evento foi um dos mais importantes já realizado sobre água subterrânea. Esse quadro resultou não somente do número inusitado e variado de participantes, mas, sobretudo, do fato de ter tido uma ampla percepção pela comunidade em geral.

Foi altamente gratificante ver as notícias diárias nos jornais e televisão, ouvir os comentários dos taxistas, recepcionistas dos hotéis, garçons e da sociedade em geral. Além disso, a centena de expositores de produtos e serviços, o túnel da água, o planeta água, a participação de artistas plásticos com trabalhos inspirados na água, a presença de estudantes do nível secundário expondo temas relacionados com o uso racional da água e formas de tratamento, além das visitas guiadas de grupos de estudantes dos 1º e 2º graus e distribuição de kits do Amigo das Águas, estabeleceram um clima altamente favorável à difusão de ideias sobre a importância da água-doce, da subterrânea e a necessidade imperiosa de se alcançar um uso cada vez mais eficiente. O interesse e a participação da sociedade pelo tema mostraram a necessidade de se repensar a forma fechada tradicional dos eventos técnico-científicos do setor.

Dentre os ecos do evento destacam-se, na oportunidade, os seguintes: (1) A população do mundo sendo crescente, enquanto a quantidade de água é praticamente constante, a alternativa mais plausível para garantir o seu abastecimento é produzir cada vez mais com cada vez menos água; (2) Portanto, mais importante do que ter água em abundância é saber usar e usá-la com eficiência crescente; (3) O verdadeiro reator biogeoquímico que é o subsolo, no qual a água de recarga do aquífero infiltra e circula, proporciona sua purificação em níveis ainda não alcançados pelo processos tradicionais de tratamento das águas; (4) Além disso, esse reator biogeoquímico protege a qualidade das águas subterrâneas dos agentes de poluição – doméstica, industrial ou agrícola – que atingem rapidamente os rios e outros corpos hídricos superficiais; (5) A captação da água subterrânea é comparativamente mais barata, flexível e social, sendo a alternativa mais plausível para satisfazer a demandas mais nobres, como o abastecimento doméstico; (6) Essa alternativa tem o suporte da política de gestão para áreas carentes de água do Conselho Econômico e Social das Nações Unidas, em 1985, "a não ser que exista grande disponibilidade, nenhuma água de boa qualidade deve ser utilizada para usos que toleram águas de qualidade inferior"; (7) Pelo fato de os investimentos necessários aos estudos hidrogeológicos e à construção das obras de captação ou de monitoramento da água subterrânea serem feitos pelo próprio usuário, o uso da água subterrânea no mundo tem sido mais eficiente, comparativamente ao uso da água superficial cujos estudos hidrológicos são feitos, as redes de aquisição de dados básicos são instaladas e mantidas com dinheiro público; (8) O desafio de dar conforto e produzir cada vez mais com cada vez menos água é uma experiência de sucesso comprovado em vários países desenvolvidos, sendo a alternativa mais plausível para se atravessar períodos de relativa escassez de água ou atender maiores demandas hídricas futuras por meio de mais eficientes usos atuais; (9) Os conhecimentos hidrogeológicos alcançados sobre os aquíferos de várias partes do mundo, os progressos da tecnologia de construção de poços e das bombas configuram um quadro em que já não é tecnicamente correto dizer que a água subterrânea, embora seja o manancial mais abundante de água-doce da Terra, é relativamente inacessível; (10) Dessa forma, já não dá para realizar o gerenciamento dos recursos hídricos disponíveis numa bacia hidrográfica omitindo-se o alcance social e econômico do uso das suas águas subterrâneas; (11) A Carta Magna do Brasil de 1988 e a Lei n° 9.433/97 estabelecem como prioridades absolutas o uso da água para abastecimento humano e para dessedentação dos animais; (12) No 2º Fórum Mundial da Água, Haia-Holanda, realizado em comemoração ao dia Mundial da Água deste ano de 2000, ênfase especial foi dada à necessidade de se garantir o desenvolvimento do mercado da água, processo em que agentes financeiros internacionais, grupos de capitais dos países desenvolvidos e dos de economia emergente, como o Brasil, são os principais interessados.

ECOS DE FORTALEZA (3)

out./2000

Os participantes do 1º Congresso Mundial de Águas Subterrâneas – Fortaleza, 31 Julho a 4 de Agosto, 2000 – tornaram claro que, atualmente, é mais importante saber usar a água disponível do que tê-la em abundância. Nesse quadro, evidenciou-se que o bom uso das águas – alta eficiência no fornecimento, nos usos doméstico e agrícola, principalmente, e conservação da sua qualidade – é um fator competitivo imposto pelo mercado global. Ao contrário, o mau uso da água é um risco à sobrevivência da população nos países em desenvolvimento.

Portanto, embora o Brasil ostente as maiores descargas de água-doce nos seus rios, o fato de apresentar baixa eficiência no fornecimento, grandes desperdícios doméstico e agrícola e a degradação da sua qualidade ter atingido níveis nunca imaginados, nos coloca na vala comum dos países com escassez de água. Essa situação parece piorar à medida que se tem água em grande abundância, pois, muito embora um indivíduo da Região Norte seja muito rico de água (mais de 100.000 m³/ano por habitante), comparativamente aos 2.000 m³/ano por habitante estimados pelas Nações Unidas como suficientes ao usufruto de uma boa qualidade de vida com desenvolvimento sustentável, apresenta um quadro de pobreza dos mais desastrosos no Brasil.

Por sua vez, salientou-se que a água subterrânea tem sido vítima da hidroesquizofrenia, doença diagnosticada nos Estados Unidos (Nace, 1978), a qual se caracteriza pela prioridade que vem sendo dada à construção de obras extraordinárias. Na Espanha, o Plano Nacional de Recursos Hídricos foi considerado como Hidroilógico (Llamas, 1985), uma vez que omite o valores social e econômico já alcançados pela utilização eficiente das águas subterrâneas. Na oportunidade, o Banco Mundial salientou que, enquanto os projetos de captação das águas superficiais exigem grandes inversões de dinheiro público para construção de barragens, adutoras, estações de recalque, estações de tratamento e outras obras, a utilização do manancial subterrâneo tem custos relativamente baixos, os quais são realizados pelo setor privado.

Portanto, o grande desafio para a sociedade brasileira, incluindo seu meio técnico, é modificar o atual pensamento historicamente estabelecido de que a única solução para os problemas sazonais de escassez de água ou do crescimento da sua demanda futura é a expansão da oferta por meio da construção de obras extraordinárias. Nesse quadro, deve-se considerar que a possibilidade de se atender demandas hídricas futuras através da maior eficiência dos usos atuais das águas disponíveis no território em questão – captação de chuvas, água subterrânea, água de rios e de reúso, principalmente – é uma experiência de sucesso já comprovado em vários países industrializados.

Em relação ao alcance do manancial subterrâneo, basta lembrar que, mesmo na região mais pobre de água subterrânea do Brasil – o contexto de rochas cristalinas subaflorantes da zona semiárida do Nordeste – o levantamento das fontes de abastecimento da população dessa área no Estado do Ceará (CPRM, 1998) indicou a existência de 13.396 pontos de água, sendo 11.889 poços tubulares, 1.093 poços amazonas e 314 fontes naturais. Verificou-se, ainda, que onde havia poço produzindo não havia caminhão-pipa. Além disso, o cadastro das áreas irrigadas indicou que mais de 50% da produção agrícola do Estado do Ceará provém de perímetros irrigados por poços amazonas, que são escavados nas manchas aluviais. A "política de bastidores" continua dando prioridade à construção de obras extraordinárias, omitindo-se o alcance de um uso eficiente das águas territoriais disponíveis, onde se destacam os potenciais de água subterrânea para consumo humano.

Portanto, verifica-se que já não é possível fazer gerenciamento de recursos hídricos, seja nas bacias hidrográficas ou nos Estados, omitindo-se o alcance do uso eficiente e integrado das águas disponíveis. Nesse caso, as cisternas de água de chuva poderiam abastecer a população mais dispersa, enquanto a captação de água subterrânea poderia abastecer núcleos de 300 ou mais habitantes por meio de poços tubulares que extraem água dos zonas aquíferas das rochas cristalinas. Nos domínios de rochas sedimentares, cujos potenciais de produção por poço situam-se entre 20 e mais de 500 m^3/hora, as águas subterrâneas já vêm sendo extraídas pelas empresas de água engarrafada, pelos hotéis de luxo, hospitais, clubes e condomínios privados. Essa forma de utilização da água subterrânea é a alternativa mais plausível contra os prejuízos dos frequentes períodos de racionamento do serviço público e como solução altamente econômica, os investimentos realizados são amortizados ao cabo 20-40% da vida útil dos poços.

ECOS DE FORTALEZA (4) – AONDE QUEREMOS CHEGAR?

nov./2000

A realização do 1º Congresso Mundial Integrado de Águas em Fortaleza, entre 31 julho e 4 de agosto de 2000, com participantes dos cinco continentes, foi uma oportunidade para se considerar a questão: aonde queremos chegar? Primeiro, tem-se que os registros hidrológicos indicam um volume de água-doce na Terra praticamente constante durante os últimos dez mil anos, pelo menos. Segundo, tem-se a transformação demográfica que teve início, há cerca de 10 mil anos, quando nossos remotos ancestrais se assentaram na terra e se tornaram pastores e agricultores. A partir de então, o consumo de água no mundo aumenta, a cada dia, para atender à crescente população humana. Terceiro, tem-se a transformação demográfica verificada no último século desse segundo milênio que ora termina, fazendo com que, atualmente, entre 70 e mais de 90% da população total de muitos países vivam nas cidades. Na maior parte das cidades do mundo, o desperdício e a degradação da qualidade das águas atingiram níveis nunca imaginados. Por sua vez, há um inusitado aumento localizado das demandas, para atender às crescentes atividades econômicas, exigências de conforto e bem-estar da sociedade moderna.

No caso do Brasil, por exemplo, até a década de 1930 as nossas cidades eram pequenos oásis num universo rural. Atualmente, a selva caótica que cada grande cidade se tornou precisa, acima de tudo, do fornecimento de água de boa qualidade e ao alcance do baixo poder aquisitivo da maioria dos seus habitantes.

Dessa forma, a alternativa mais plausível de gestão de um o volume de água praticamente constante, para atender de maneira regular uma demanda crescente, é fazer com que o uso da gota de água disponível seja cada dia mais eficiente, inclusive com reúso. Em outras palavras, o maior desafio é obter cada vez mais conforto e produção com a utilização de cada vez menos água.

Os exemplos proporcionados por alguns dos países ricos do mundo, como o Canadá nas duas últimas décadas, indicam ser possível com o uso mais eficiente atual da água, atender a crescente demanda futura, postergando até os investimentos necessários à construção de novas obras de captação ou de tratamento da água de consumo.

Entretanto, no mundo e no Brasil, em particular, pouco ou quase nada se fala sobre a necessidade das empresas de abastecimento público serem mais eficientes, isto é, menores perdas d'água nas redes de distribuição, não lançamento de esgotos nos rios e fornecimento regular de água pelo menor custo possível; muito pouco ou quase nada se investe no desenvolvimento de campanhas permanentes de informação – inclusive com introdução do tema nos programas das Escolas de 1° e 2° Graus – que ensinem à população em geral como evitar o desperdício e degradação da qualidade da água disponível, ou que estimulem à utilização de equipamentos e métodos mais eficientes de uso da água nas cidades e na agricultura irrigada.

Além disso, pouco ou quase nada se fala sobre a grande perspectiva econômica e social do uso das águas subterrâneas – maior manancial de água-doce da Terra acessível aos meios técnicos e financeiros disponíveis e mais bem protegido dos agentes de poluição que rapidamente atingem os rios – para consumo humano, principalmente, ou do reúso da água servida tratada, para fins não potáveis no meio urbano, nas indústrias e nas atividades agrícolas associadas.

O arcabouço legal e institucional mais moderno disponível no Brasil (Constituição Federal de 1988, Lei Federal n° 9.433/97, Lei Federal n° 9.984/00), mesmo tendo a Outorga de Direito de Uso dos Recursos Hídricos como um dos seus poderosos instrumentos – mecanismo pelo qual o usuário recebe uma autorização, ou uma concessão, para fazer uso da água, não se refere, como premissa, à necessidade de um maior conhecimento sobre as condições de ocorrência, uso e proteção das nossas águas subterrâneas.

Também, as Leis Estaduais de Recursos Hídricos são pouco precisas sobre essa necessidade, embora a Constituição Federal de 1988 tenha incluído as águas subterrâneas entre os bens dos Estados. Vale lembrar que os dados disponíveis sobre o manancial de águas subterrâneas foram gerados, quase que exclusivamente, à custa e risco do setor privado. A outorga de direito de uso, juntamente com a cobrança pelo uso da água, constitui relevante elemento didático, contribuindo, dessa forma, para a disciplina desse uso.

Portanto, o grande desafio para a sociedade brasileira, incluindo seu meio técnico, é modificar o atual pensamento, historicamente estabelecido, de que a construção de obras extraordinárias é a única solução para os problemas de escassez, local ou temporária, de água.

ÁGUA SUBTERRÂNEA: FATOR DE DESENVOLVIMENTO

"Não basta adquirir sabedoria, é preciso tirar proveito dela" – Cícero

dez./2000

Já se sabe que a água subterrânea é o manancial mais flexível, social e barato para abastecimento do consumo humano, principalmente. Essas características decorrem do fato de a água subterrânea poder ser captada lá onde se faz necessária, acusar os efeitos dos períodos de seca com grande atraso, os investimentos poderem ser parcelados à medida que cresce a demanda e apresentar qualidade adequada ao consumo humano.

Sabe-se que o material não saturado e/ou a camada confinante do manancial subterrâneo funciona como um verdadeiro filtro natural e/ou reator biofísicogeoquímico, protegendo a qualidade das águas subterrâneas contra os agentes de poluição que afetam, rapidamente, os rios e outros corpos de águas superficiais. Os casos de degradação da sua qualidade resultam da má qualidade técnica construtiva dos poços, do seu mau uso ou de seu abandono sem as medidas necessárias de proteção, o que transforma essas obras de captação em verdadeiros focos de contaminação.

A água-doce – com teores de sólidos totais dissolvidos (STD) inferiores a 1.000 mg/l – é cada vez mais um recurso praticamente finito, de valor econômico e fator competitivo do mercado global. Como tal, a alternativa mais plausível para se atender uma demanda cada vez maior de água, é obter cada vez mais benefícios – conforto e produção – com o uso de cada vez menos água. Atualmente, tem-se um contingente mundial de 5 bilhões de pessoas, o qual cresce de um bilhão a cada dez anos e oito sobre dez habitantes da terra já vivem nas cidades.

Nesse quadro, verifica-se um alarmante incremento das demandas de água, sob o efeito das transformações verificadas nos hábitos de higiene e conforto das pessoas, mormente a partir do século XIX na Europa e a partir da metade deste século XX no Brasil. Entretanto, continua-se buscando água cada vez mais distante nos rios para abastecimento das cidades, segundo o modelo iniciado pelos romanos em 312 a.C. com a construção dos seus famosos aquedutos. Por sua vez, continua-se a lançar os esgotos não tratados nos rios, segundo a prática de *Tout à l'égout*, que era dominante na Europa até meados do século XIX. Como resultado, o custo da água torna-se cada vez mais alto, fora do alcance do poder aquisitivo da maioria da população das cidades. Verifica-se um crescente aumento dos níveis de desperdício da água nas cidades e na agricultura, e a degradação da água dos rios e de outros mananciais de superfície atinge índices nunca imaginados, tanto nas cidades quanto no campo.

Atualmente, mais importante do que ter água em abundância é saber usá-la com eficiência crescente. Dessa forma, na abordagem da gestão integrada, o aquífero poderá desempenhar variadas funções, destacando-se a tradicional de produção de água e a de autodepuração de água injetada no solo/subsolo aquífero. Essa água infiltrada poderá ser gerada pelas enchentes dos rios, pelas galerias pluviais do meio urbano ou pelo reúso dos esgotos domésticos e efluentes industriais tratados. A infiltração dessas águas nos aquíferos dos países ricos, onde dinheiro é para ganhar dinheiro, vem proporcionando uma proteção contra os processos de evaporação intensa, gerando recursos hídricos complementares aos sistemas de abastecimento, controle da intrusão de águas marinhas, ou sendo utilizada para atendimento das demandas de água não potável no meio urbano, indústrias e agricultura.

Nesse quadro, o uso eficiente do volume de água que vem sendo extraído pelos 12 mil poços em operação na Grande São Paulo, na base de 5 m³/h em regime de bombeamento contínuo (1,4 bilhão de litros por dia), já poderia abastecer cerca de 7 milhões de pessoas na base de 200 litros por habitante por dia. Contudo, o controle da potabilidade da água assim produzida seria impraticável de ser realizada. Nesse caso, a alternativa mais plausível seria o gerenciamento do uso da água subterrânea e de reúso pelas atividades urbanas de água não potável. O mesmo acontece nas regiões metropolitanas do Recife, Fortaleza e de outras grandes cidades. Já poderia abastecer as cidades de médio e pequeno portes, ou seja, perto de 80% das cidades do Brasil. Por sua vez, a utilização de apenas metade dos 50 mil poços já perfurados, extraindo uma vazão de apenas 2 m³/h, poderia abastecer cerca de 8 milhões de pessoas do contexto semiárido com uma taxa de 150 litros *per capita*/dia, ou seja, toda a sua população pouco concentrada.

OUTORGA DE DIREITO E COBRANÇA DO USO DA ÁGUA SUBTERRÂNEA

"Produto sem valor não tem lugar na prateleira do mercado"

jan./2001

A Seção III da Lei Federal n° 9.433/97 diz que "a Outorga de Direito de Uso da Água é o instrumento pelo qual o usuário recebe uma autorização, ou uma concessão, ou ainda uma permissão (conforme o caso), para fazer uso da água disponível". Portanto, a aplicação desse instrumento representa uma oportunidade de se exercer o controle, que sempre faltou, do uso da água subterrânea, seja nas cidades ou no meio rural.

A Seção IV da referida Lei diz que a "Cobrança pelo uso da água é um instrumento para: 1) reconhecê-la como bem econômico e dar ao usuário uma indicação de seu real valor; 2) incentivar a racionalização do uso da água; 3) obter recursos financeiros para o financiamento dos programas e intervenções propostas no plano de recursos hídricos".

Portanto, a cobrança pelo direito de uso deverá dar ao usuário – empresa de abastecimento, industrial ou agrícola, – uma indicação do valor real da água disponível. No tocante do Comitê de Bacia Hidrográfica e dos órgãos gestores – federal ou estadual – esse valor deverá fundamentar os montantes dos investimentos indispensáveis ao exercício dos atos de outorga e cobrança pelo direito de uso da gota d'água disponível.

Tendo em vista os níveis de competitividade que são impostos pelo mercado – global, nacional ou regional – essa cobrança deverá induzir o usuário a produzir cada vez mais com cada vez menos água, sob pena da sua mercadoria não ter preço no mercado e até ser penalizado pela prática desleal de utilização de um recurso econômico como um bem livre.

Atualmente, a utilização não controlada da água subterrânea – nos níveis federal, estaduais ou municipais – já livra boa parcela da população de maior poder aquisitivo das nossas cidades, do desconforto, prejuízos e riscos à saúde que são gerados pelos frequentes racionamentos da oferta de água, os quais são impostos pelas empresas de abastecimento. Efetivamente, a cada período de racionamento há uma queda de pressão na rede de distribuição, verificando-se a entrada de água poluída nos canos. Essa água contaminada chega à torneira do usuário no novo período de fornecimento, apesar das overdoses de cloro que são normalmente utilizadas.

Vale mencionar que a eficiência das nossas empresas de água é muito baixa, com índices de perdas totais – vazamento e falta de faturamento – que variam entre 40 e 70%. Nos países desenvolvidos, tais como Canadá, Estados Unidos e da União Econômica Europeia, as empresas de abastecimento apresentam índices de perdas totais entre 5 e 15%.

Nas áreas metropolitanas e grandes cidades do Brasil, a utilização do manancial subterrâneo é a base do negócio das empresas de água engarrafada, das empresas de venda de água em caminhão-pipa, do autoabastecimento de hotéis de luxo, hospitais, condomínios privados, clubes recreativos e indústrias, principalmente. O autoabastecimento tem-se revelado altamente econômico, na medida em que, entre 30 e 60% da vida útil dos poços, os investimentos realizados são amortizados. Além disso, essa prática livra o usuário das taxas de esgoto, as quais são cobradas com base no volume de água que é fornecido pela empresa de abastecimento.

Logo, a exigência de outorga e cobrança pelo direito de uso da água subterrânea é um instrumento de controle e valorização desse recurso, justificando os investimentos que se fazem necessários para se alcançar um crescente nível do conhecimento hidrogeológico na área em apreço, condição necessária à fundamentação das sucessivas outorgas. Além disso, sua não aplicação poderá ser vista como uma prática desleal do mercado, uma vez que livra o usuário do manancial subterrâneo dos custos referentes ao uso, tratamento e reúso do manancial de água superficial.

A ANA E O DESAFIO DO USO EFICIENTE DA ÁGUA

fev./2001

Os níveis de degradação dos rios que atravessam as áreas urbanas no Brasil engendram cenários dos mais vexatórios no plano mundial. Essa situação é tanto mais grave à medida que os dados do Censo de 2000 indicam mais de 81% da sua população vivendo nas cidades. Portanto, a compra do esgoto tratado proposta pela Agência Nacional de Águas (ANA), como uma forma de limpar os nossos rios tem uma grande prioridade social e política.

Entretanto, é notável, certamente, que o Brasil tenha conseguido atingir o índice médio atual de 91% da população urbana servida pela rede de distribuição de água tratada. Lamentavelmente, esse alto índice esconde os frequentes períodos de racionamento da oferta de água, chegando-se às tristemente famosas operações rodízio.

Nesse quadro, as quedas de pressão na rede de distribuição de água nas nossas cidades, as quais ocorrem durante os frequentes períodos de racionamento, possibilitam a entrada de água contaminada na rede, que é levada à caixa d'água do usuário na fase seguinte de fornecimento, apesar da utilização das overdoses de cloro. Em consequência, a qualidade da água que chega na sua torneira, nem sempre é garantida, o que tem estimulado o consumo de água engarrafada.

Outro problema que é escondido pelo alto índice atual de 91% da população urbana servida pela rede é a maior frequência da falta de água nas áreas ocupadas pelas populações de baixa renda (35% dos quais não contam com água encanada, em comparação com 3% da população de rendas médias e altas).

Prevalece ainda no meio técnico do setor a ideia historicamente estabelecida de que a expansão da oferta de água é a única solução para os problemas de abastecimento, atuais ou futuros. Nesses casos, a prática geralmente adotada é de buscar água cada vez mais distante – portanto, cada vez mais cara e fora do alcance do poder aquisitivo da população de baixa renda – para abastecer as cidades, segundo o modelo dos famosos aquedutos romanos, iniciado em 312 a.C.

Por outro lado, a falsa ideia de abundância de água – que é dada pela visão de rios perenes sobre mais de 90% do nosso território – tem dado suporte ao modelo sanitário em uso de *Tout à l'égout*, o qual era predominante na Europa na segunda metade do século XVIII.

Para se ter uma ideia do desafio da ANA, quando propõe comprar o esgoto tratado, basta mencionar que, atualmente, apenas 36% das empresas de água no Brasil fazem coleta dos esgotos e 20% os tratam, antes de lançar nos rios e outros corpos de água, nos quais as populações que moram águas a baixo se abastecem.

Essa prática de lançamento de esgoto não tratado nos rios vem sendo tolerada, consentida e manipulada, sob o argumento de que é uma tarefa cara, quando, na realidade, custoso é tratar as doenças decorrentes que afetam a saúde da população. A Organização Mundial da Saúde constata que um dólar aplicado no saneamento básico – oferta de água de qualidade garantida, coleta e tratamento dos esgotos e disposição adequada do lixo que se produz – corresponde a uma economia de cinco dólares no setor da saúde.

Além disso, a falsa ideia de abundância de água no Brasil tem dado suporte, certamente, aos baixos níveis de eficiência das nossas empresas de abastecimento, cujos índices de perdas totais – vazamento físico nas redes de distribuição e falta de faturamento da água fornecida – situam-se entre 40% e 70%, contra os 15%-20% registrados nas cidades dos países desenvolvidos.

Portanto, tendo em vista que a água-doce disponível no mundo, no Brasil, no Estado ou na sua paróquia, é um recurso praticamente constante ao longo dos últimos 10 mil anos, pelo menos, a alternativa mais plausível para se atender demandas crescentes para abastecimento – doméstico, industrial e agrícola – é aprender a usá-la de forma cada dia mais eficiente. Ou seja, o grande desafio da ANA é ensinar a usar, de forma cada vez mais eficiente a gota de água disponível. Em outras palavras, obter benefícios cada dia maiores com o uso menor de água, é mais importante do que ostentar abundância.

O DESAFIO DO USO EFICIENTE DA ÁGUA

mar./2001

O modelo de globalização atual coloca-nos simultaneamente na complexa situação de cidadãos locais e planetários. Uma parte cada vez mais importante do nosso destino passou a ser decidida por forças que operam em dimensões políticas e sociais cada vez mais distantes do indivíduo que vive, mora e atua em determinada cidade, região ou país.

O fato de o manancial subterrâneo representar o maior volume – cada dia mais acessível aos meios técnicos e financeiros disponíveis – de água-doce do mundo, de estar comparativamente mais bem protegido dos agentes de poluição ou de evaporação intensa, de ocorrer de forma mais extensiva no ambiente, a sua utilização é entre cinco e dez vezes mais barata. Como resultado, a água subterrânea do meio urbano no Brasil constitui a fonte natural mais plausível para abastecimento de hotéis de luxo, hospitais, condomínios privados, industriais, empresas de água engarrafada e de venda de água potável em caminhão-pipa.

Efetivamente, o princípio de "substituição de fontes", preconizado pelas Nações Unidas, desde 1985, implica que se deve reservar a água de melhor qualidade para consumo humano – regra geral a água subterrânea – destinando àquela de menor qualidade – água de rios, lagos, açudes e de reúso – principalmente, aos usos menos restritivos em termos de potabilidade. No entanto, à medida que a cidade cresce complexa, os custos custos do controle da qualidade da água que é produzida por milhares de poços podem se tornar praticamente impossíveis. Nesse caso, o órgão gestor poderá estimular o uso urbano não potável da água subterrânea pelas atividades tais como postos de serviço, lavagem de ruas, de pátios e outros espaços, alimentação de descargas sanitárias de aeroportos, estações ferroviárias e rodoviárias, alimentação de sistemas de refrigeração, nas indústrias, irrigação de áreas verdes públicas ou privadas, operação e manutenção de praças de esporte. Local e ocasionalmente, o manancial subterrâneo poderá ser reforçado ou a interface marinha controlada por meio de recarga artificial com águas pluviais, de enchentes dos rios e de reúso. Mais recentemente, vem sendo utilizado o método ASR – *Aquifer Storage Recovery*, o qual consiste em injetar e bombear alternativamente no mesmo poço para produção de água não potável.

O uso cada dia mais eficiente da gota d'água disponível é uma experiência de sucesso comprovado na maioria dos países desenvolvidos, desde a década de 1980, reduzindo os investimentos necessários à solução tradicional de expansão da oferta de água mediante a construção de obras extraordinárias, prática ainda dominante no Brasil como a única forma de combate à escassez de água, periódica atual ou futura.

Por outro lado, esses programas reduziram os desperdícios – doméstico e irrigação –, em até 70% e as taxas de perda total do fornecimento no meio urbano ficam atualmente, em média, em torno de 15%. Portanto, esses programas de uso cada vez mais eficiente da gota d'água disponível indicam que se torna mais importante saber usar a água disponível do que ostentar sua abundância. Lamentavelmente, ainda não se tem a cultura da oferta cada vez mais eficiente e pelo menor custo da gota d'água disponível. Essa situação é tanto mais atraente ao processo de privatização do setor, quanto à empresa de água é pouco eficiente, já tendo feito os investimentos necessários para captar, tratar e instalar rede de distribuição para servir mais de 90% de uma cidade.

RACIONALIZAR PARA NÃO RACIONAR

abr./2001

Racionalizar significa estimular o uso da gota d'água potável ou não potável disponível na área em questão – pluvial, de rios, subterrânea ou de reúso – para se obter cada vez mais benefícios com cada vez menos água. Racionar significa não fornecer água de forma regular aos que vivem e trabalham nas cidades ou no campo. Nessa abordagem, deve-se considerar que a água é um recurso natural renovável, limitado, de valor econômico, que se usa e é devolvido ao ambiente com sua característica natural – quantidade ou qualidade – diminuída pelo uso em questão.

Toda a água do mundo participa de um gigantesco mecanismo de circulação – o Ciclo Hidrológico – cujo comportamento é caracterizado por séries históricas de dados hidrométricos, tais como alturas de chuvas e descargas totais dos rios. Nesse quadro, a determinação da probabilidade de ocorrência de períodos de escassez relativa de água em qualquer parte do mundo – desenvolvido, emergente ou subdesenvolvido, urbano ou rural – já é uma técnica plenamente dominada no mundo e no Brasil, em particular.

Entretanto, enquanto nos países desenvolvidos o uso cada vez mais eficiente da gota de água disponível tem sido a alternativa mais plausível para superar períodos de escassez relativa ou das demandas futuras crescentes de água, perdura no mundo subdesenvolvido a ideia de aumentar a oferta d'água como única solução.

Tendo em vista a crescente inviabilidade – ética, ecológica, econômica e legal/institucional – dessa alternativa, o racionamento de água torna-se uma prática comum nas grandes cidades do mundo emergente ou subdesenvolvido, precedendo em geral às campanhas espasmódicas de racionalização do seu uso.

Os exemplos de sucesso das campanhas permanentes de informação que visam a racionalizar para não racionar água nas cidades compreendem: 1) Orientação à população de como se fazer um uso eficiente da gota de água disponível, com inclusão desses tópicos nos programas das escolas de 1º e 2º Graus; 2) informar de forma permanente à população de como e por que evitar os grandes desperdícios de uso da água no meio doméstico e na agricultura, principalmente; 3) estimular o desenvolvimento e informar à população sobre a disponibilidade no mercado de equipamentos mais eficientes, tal como bacias sanitárias que necessitam de 6 litros de água por descarga, enquanto os modelos antigos usam de 18 a 20 litros; 4) estimular e orientar o uso das águas subterrâneas disponíveis no meio urbano; 5) estimular o reúso não potável da água bruta disponível no meio urbano, tais como nas atividades industriais, postos de serviço, irrigação de áreas verdes das cidades, na lavagem de pisos e sanitários de estações rodoviárias, aeroportos, campos de futebol, dentre outros. Vale salientar que, no Brasil, as águas subterrâneas que são captadas por meio de poços e fontes, principalmente, no meio urbano ou rural, para serem vendidas engarrafadas ou em caminhões-pipa, têm tido um controle federal, uma vez que se enquadram na categoria de recurso mineral.

Por exemplo, o potencial de água subterrânea da Região Metropolitana de São Paulo – RMSP – é estimado em 25 m³/s. Atualmente, os 10.000 a 12.000 poços em operação na RMSP já estão produzindo uma vazão estimada em 10 m³/s, valor equivalente ou obtido na represa do Guarapiranga ou na constelação de barragens construídas no Alto Tietê. Todavia, mais de 90% desses poços continuam sendo utilizados de forma livre por indústrias, hotéis de luxo, hospitais, condomínios privados e clubes sociais. Essa forma de uso da água subterrânea é a alternativa mais plausível em termos econômicos para livrar o usuário dos riscos à saúde, o desconforto e os prejuízos que são gerados pelas frequentes falta de fornecimento da água pelo serviço público, na medida em que os investimentos feitos são amortizados entre 30 e 40% da vida útil dos poços.

Portanto, antes de se partir para os expedientes de racionamento, ou de operação rodízio do fornecimento de água nas nossas cidades, dever-se-ia melhor considerar o alcance dos seus respectivos potenciais de águas subterrâneas.

ÁGUA: ESTRATÉGIA DA ESCASSEZ

maio/2001

O Brasil ostenta a maior descarga média de longo período de água-doce do mundo nos seus rios. Contudo, a "estratégia da escassez" tem tido pressa em assinalar que sua distribuição é muito irregular, tanto no espaço quanto no tempo. Uma forma de compatibilizar a distribuição dos potenciais hídricos com a da população de uma determinada área tem sido a adoção do conceito de disponibilidade social, isto é, referir os potenciais disponíveis de água – superficial, subterrânea ou de reúso – em termos de m³/hab/ano. Dessa forma, as Nações Unidas verificam que, em 146 países membro, o fornecimento entre 1.000 a 2.000 m³/hab/ano já se mostra suficiente para usufruto de um desenvolvimento sustentável da agricultura (70%) do total, da indústria (20%) e do setor doméstico (10%).

Assim, dividindo-se a descarga média de longo período dos rios de cada um dos Estados e do Distrito Federal pelas respectivas populações (IBGE, 2000), verifica-se que os Estados do Nordeste semiárido e no Distrito Federal cada habitante dispõe entre perto de 1.000 e 5.000 m²/ano, nos do Sudeste e Sul entre 5.000 e 10.000 m²/hab/ano e entre 10.000 e mais de 100.000 m²/hab/ano nos das regiões Centro-Oeste e Norte. Além disso, considerando-se as descargas de base desses rios – contribuição dos fluxos subterrâneos – verifica-se que a utilização de apenas 25% da taxa de recarga dos 112.000 km² de águas subterrâneas que estão estocadas no subsolo do Brasil já representaria uma oferta de água entre 100 e 5.000 m²/hab/ano. Assim, com exceção dos 10% do território brasileiro, onde ocorrem as rochas cristalinas subaflorantes do Nordeste semiárido, a quantidade de água – superficial ou subterrânea – disponível varia de regular a muito abundante na maioria dos Estados do Brasil.

Entretanto, a "estratégia da escassez" tem submetido a população das nossas cidades – onde já mora e trabalha mais de 81% da população brasileira (IBGE, 2000) – a um fornecimento muito irregular de água, culminando com frequentes racionamentos e operações rodízio. Vale destacar que a queda de pressão que ocorre na rede de distribuição, a cada interrupção do fornecimento de água, representa um grande risco à saúde pública. Essa "estratégica da escassez" tem resultado da combinação de quatro fatores: 1) crescimento desordenado das nossas cidades; 2) fornecimento pouco eficiente da água disponível, onde as perdas totais da água tratada que é injetada na rede de distribuição ficam entre 30 e 60%; 3) grandes desperdícios dos usuários, destacando-se 30 a 40% no setor doméstico e em 90% dos perímetros irrigados utilizam-se os métodos menos eficientes, e 4) o lançamento de perto de 90% dos esgotos não tratados nos rios e outros corpos de água, engendrando uma degradação da qualidade da água disponível em níveis nunca imaginados. Vale considerar que apenas 36% das empresas de saneamento no Brasil fazem a coleta dos esgotos das cidades e 20% apenas realizam algum tratamento, sob o argumento de que é caro tratar o esgoto. Entretanto, a Organização Mundial da Saúde mostra que, para cada dólar investido em saneamento básico – fornecimento de água com perdas totais entre 5 e 15%, coleta/tratamento de esgotos e coleta/disposição adequada do lixo que se produz – corresponde uma economia de 4 a 5 dólares nos gastos médicos para tratamento das doenças decorrentes da sua falta.

Assim, é cada vez maior o número de exemplos de sucesso do uso cada vez mais eficiente da gota d'água disponível – superficial, subterrânea ou de reúso – para não racionar. Destacam-se nessa ação os pontos seguintes: 1) desenvolver campanhas permanentes sobre o uso cada vez mais eficiente da água nas cidades e no campo; 2) inserir os fundamentos do seu uso eficiente nos programas de ensino de 1° e 2° Graus; 3) estimular o uso da água subterrânea no meio urbano e rural ; 4) estimular o uso da água não potável nas cidades ou seu reúso em atividades tais como irrigação de gramados de quadras esportivas, áreas verdes e praças, descargas sanitárias de aeroportos, rodoviárias, campos de futebol, lavagem de carros, torres de refrigeração de hotéis, hospitais e indústrias.

ÁGUA: O MITO DA ABUNDÂNCIA

jun./2001

O Brasil ostenta a maior descarga média de longo período de água-doce do mundo nos seus rios (5.610 km³/ano gerados no seu território). Entretanto, como sua distribuição é, regra geral, nada compatível com aquela da população, o conceito de potencial de água por habitante vem sendo universalmente mais utilizado. Assim, dividindo-se esse potencial pela população de perto de 170 milhões de habitantes (IBGE, 2000), resulta num potencial de água-doce nos seus rios da ordem de 33.000 m³/hab/ano, valor que coloca o Brasil na classe dos países ricos de água-doce, tal como os Estados Unidos e o Canadá.

Esse critério permitiu às Nações Unidas (1997) verificar que, entre 1.000 e 2.000 m³/hab/ano, são suficientes para usufruto de um desenvolvimento sustentado com boa qualidade de vida nas cidades.

Dessa forma, dividindo-se a descarga média anual de longo período dos rios de cada uma das Unidades da Federação – 26 Estados e um Distrito Federal – pelas respectivas populações (IBGE, 2000), tem-se que os potenciais de água-doce nos rios do Brasil variam entre 1.137 m³/hab/ano (Pernambuco) até mais de um milhão m³/hab/ano (Roraima). Além disso, a utilização de apenas 25% das taxas de recarga dos 112.000 km³ de água subterrânea que ocorrem em mais de 90% da área do território nacional – equivalentes às descargas de base dos seus rios perenes – já representaria cerca de 5.000 m³/hab/ano. Apenas nos 600.000 km² de rochas cristalinas subaflorantes do Nordeste semiárido, os potenciais de água subterrânea são de tal forma fracos e as taxas de recarga anual escassas, que os rios dessa área são temporários.

Portanto, uma ação de gerenciamento dos nossos recursos hídricos mais ética, ecológica e socioeconômica, nos livraria da situação vexatória da falta de água de beber. Basta lembrar que no Centro-Oeste dos Estados Unidos ou em Israel – cujos potenciais variam entre menos de 500 e 1.000 m³/hab/ano e de menos de 500 m³/hab/ano, respectivamente, e com climas do tipo árido com um coração desértico – o gerenciamento dos seus recursos hídricos deu suporte ao desenvolvimento da maior economia já existente nesses contextos climáticos.

No Brasil, os dramáticos quadros da falta d'água de beber nas cidades, resultam, fundamentalmente, da combinação de três fatores principais: 1) o seu fornecimento ser pouco eficiente; 2) serem grandes os níveis de desperdícios do uso doméstico e agrícola; 3) a degradação da qualidade – que é produzida pelo lançamento de esgotos não tratados nos rios e pela falta de coleta da maior parte do lixo que se produz – ter alcançado níveis nunca imaginados. Todos esses problemas são sensivelmente agravados pela falta de água para geração de energia hidrelétrica, o que paralisa as captações de água nos rios, as estações de tratamento e as bombas dos poços.

O mito da abundância de água-doce no Brasil – tanto para uso doméstico, agrícola ou produção de energia elétrica – resulta, fundamentalmente, da falta de uma ação pró-ativa das Agências Reguladoras do setor, cujo objetivo principal seja o uso cada vez mais eficiente da gota d'água disponível – superficial, subterrânea ou de reúso – como compromisso ético, ecológico e socioeconômico.

AS ÁGUAS SUBTERRÂNEAS NA GESTÃO DE BACIAS HIDROGRÁFICAS

jul./2001

Conforme estabelecem a Constituição Federal de 1988 e a Lei Federal n° 9.433/97, a bacia hidrográfica – domínio geográfico de um sistema de rios – é a unidade física básica de planejamento e gestão dos recursos hídricos de uma dada região. Porém, durante a última metade do século XX que ora findou, houve no Brasil um crescimento sem precedente na história das nações da urbanização, com acentuada degradação ambiental, incremento das demandas das águas e a degradação da sua qualidade atingindo níveis nunca imaginados. Nesse quadro, a utilização da água subterrânea tornou-se cada vez mais atraente em termos financeiros e fator competitivo do mercado em vários pontos do território nacional.

Entretanto, o tripé – ÉTICA, ECOLOGIA e ECONOMIA – que dá suporte, atualmente, ao desenvolvimento sustentado nos países ricos significa que o planejamento de recursos hídricos já não pode ser definido com base no simples balanço entre descarga dos rios *versus* demandas históricas ou estimadas de água e um plano de obras.

Ao contrário, saber usar a gota d'água disponível com eficiência crescente – inclusive com reaproveitamento da água usada – é mais importante do que ostentar sua abundância. Isso significa que o grande desafio da gestão de bacias hidrográficas é obter cada vez mais benefícios – qualidade de vida, ambiental e produtividade – com cada vez menos água.

A parcela da água que cai da atmosfera de uma bacia hidrográfica – na forma de chuva, neblina e neve, principalmente – infiltra no solo/subsolo. Os fluxos naturais de água subterrânea – locais, intermediários ou regionais – dos estoques assim formados, alimentam as descargas de base dos rios, ou seja, aquelas que ocorrem durante os períodos de estiagem ou sem chuvas. Além disso, os fluxos naturais de água subterrânea alimentam a produção dos poços, nascentes e de outras formas de captação das águas subterrâneas. Também a umidade do solo que dá suporte à biomassa natural ou cultivada – vegetal e animal – da área em questão é altamente dependente da posição do nível das águas subterrâneas.

Nesse processo, os rios têm a função primordial de drenagem da água que forma as enxurradas na superfície do terreno ou infiltra no subsolo para alimentar os seus estoques de água subterrânea. Portanto, quando os rios de uma dada região são perenes, ou seja, nunca secam, significa que os estoques e/ou as descargas de água subterrânea da referida bacia hidrográfica são muito importantes. Os dados fluviométricos disponíveis indicam que as descargas de base dos rios do Brasil representam taxas de recarga das águas subterrâneas que variam entre menos de 10 mm/ano no contexto de rochas cristalinas do semiárido do Nordeste e entre 200 e 600 mm/ano sobre mais de 90% do território brasileiro. A extração de apenas 25% dessa quantidade já representaria uma oferta da ordem de 5.000 m³/hab/ano para os 170 milhões do censo IBGE, 2000.

Entretanto, a falta de uma gestão efetiva dessa extração poderá resultar na escassez de água nos rios durante os períodos de estiagem, com sérias consequências sociais, ambientais e econômicas aos setores do transporte fluvial, da geração hidrelétrica, do abastecimento e da produção de alimentos, dentre outros.

ÁGUA SUBTERRÂNEA E OS NOVOS PARADIGMAS

ago./2001

Fala-se muito em mudanças hoje, em mudanças organizacionais que precisam acontecer nos órgãos e nas empresas para que eles se mantenham ágeis e competitivos. Na realidade, fala-se muito de mudanças, mas ainda se faz muito pouco a respeito.

No contexto da gestão dos recursos hídricos, o grande desafio para a sociedade brasileira, incluindo seu meio técnico, é modificar o atual pensamento, historicamente estabelecido, de que a expansão da oferta de água mediante a construção de obras extraordinárias é a única solução para os problemas de sua escassez periódica ou futura. Sobretudo nos países relativamente mais desenvolvidos, o uso cada vez mais eficiente e integrado da gota d'água disponível – de chuva, rio, subterrânea e de reúso, principalmente – tem sido a alternativa mais barata e viável.

Por exemplo, o Programa de Uso Eficiente da Água do Canadá – quarto colocado na lista dos mais ricos de água-doce do mundo, onde o Brasil ostenta o primeiro lugar com uma descarga de água nos seus rios de quase 50% superior – reduziu as taxas de demanda de água de em média 40% e protelou os investimentos para construção de novas obras de captação por mais de 20 anos. Esse programa compreendeu, dentre outros itens: a inclusão do tópico no ensino do 1º e 2º Graus, uma farta produção e distribuição de cartilhas, cartazes e outros instrumentos de informação à sociedade em geral, uma ajuda de R$40,00 por peça para substituição de até três bacias sanitárias por residência durante o programa. Vale destacar que, tal como no Brasil, as bacias sanitárias antigas consomem entre 18 e 20 litros por descarga, enquanto os modelos mais modernos, já disponíveis no mercado nacional, necessitam apenas de 6 litros de água.

No Brasil, enquanto os órgãos responsáveis pela gestão dos nossos recursos hídricos – federais e estaduais – continuam discutindo os aspectos dominiais referidos na Constituição de 1988, verifica-se uma verdadeira corrida para captação da água subterrânea para abastecimento humano, industrial e irrigação, principalmente, pelo fato de ser a alternativa mais barata e representar uma solução de regularidade de fornecimento, frente aos frequentes períodos de racionamento. O alcance econômico e social da captação da água subterrânea que ocorre nas áreas urbanas do Brasil já coloca o poço na relação dos atrativos comerciais dos empreendimentos imobiliários mais importantes, tais como a sauna, a quadra poliesportiva, a piscina, dentre outros itens.

A água subterrânea que ocorre numa determinada bacia hidrográfica, quando captada por meio de poços construídos, operados e abandonados atendendo às especificações técnicas disponíveis – de ordem geológica, hidráulica e sanitária – pode ser extraída na própria área de uso e apresentar boa qualidade natural para consumo humano. Dessa forma, o manancial subterrâneo – captado por meio de fontes, poços escavados ou poços tubulares – é o utilizado no mundo pelas empresas que comercializam água engarrafada.

Entretanto, a parcela da chuva que infiltra nos terrenos da bacia hidrográfica em questão vai alimentar as reservas d'água subterrânea, cujos fluxos tendo velocidades da ordem de cm/dia podem desaguar nos rios durante os períodos de estiagem ou sem chuvas. Assim, pelo princípio de conservação das massas, as descargas de base dos rios são boas avaliações das taxas de recarga dos aquíferos da bacia hidrográfica em questão.

Portanto, urge que a propalada gestão integrada dos nossos recursos hídricos – fornecimento regular da água pelo menor preço e, sobretudo, com uso e conservação cada vez mais eficientes – passe do discurso à prática, pois a extração desordenada da água subterrânea para venda engarrafada, abastecimento público, industrial e irrigação, poderá produzir uma redução substancial das descargas de base dos rios que drenam a bacia hidrográfica em questão. Dessa forma, a água subterrânea poderá perder a sua função de regularização dos mananciais disponíveis, sobretudo durante os períodos de escassez de água para abastecimento das cidades, produção de alimentos, diluição dos esgotos lançados nos rios sem tratamento prévio, regularização da oferta de água para produção de energia hidrelétrica, termelétrica ou pela exuberante biomassa.

ÁGUA SUBTERRÂNEA NA REGIÃO METROPOLITANA DE SÃO PAULO

set./2001

O racionamento de água atinge a população da Região Metropolitana de São Paulo – RMSP, evidenciando que a escassez relativa de chuvas também pode ser responsabilizada pelos problemas de oferta de água que afetam a população da terceira maior metrópole do mundo. Todavia, o que ocorre de fato resulta da falta de investimentos regulares no setor, sobretudo, para o desenvolvimento de ações de uso cada vez mais eficiente e integrado da gota d'água disponível. Dentre os fatores que engendram o racionamento tão frequente de água nas cidades brasileiras, destacam-se: 1) controlar a baixa eficiência no fornecimento que dá suporte aos vazamentos de água nas redes de distribuição; 2) ensinar os usuários – domésticos e agrícolas, principalmente – como usar água com menos desperdício, tal como o hábito de varrer as calçadas, lavar pátios e carros com o jato da mangueira, escovar os dentes ou fazer a barba com a torneira aberta, utilizar bacias sanitárias cujas descargas necessitam de 18 a 20 litros por descarga, quando já existe no mercado modelo mais moderno que necessita de apenas 6 litros de água por descarga. Irrigar as culturas com água limpa de beber e utilizando os métodos menos eficientes, tais como de espalhamento superficial, pivô central e aspersão convencional. Dessa forma, os cenários gerados pelo racionamento, antes de haver racionalização dos usos, tornam-se tão ou mais vexatórios do que aqueles decorrentes dos períodos de seca que assolam a cada 11 anos, aproximadamente, setôres do sertão do Nordeste.

Entretanto, o diagnóstico realizado pelo Convênio SABESP – CEPAS/USP 1994, mostra que as descargas de base do Rio Tietê em Itaquaquecetuba representam taxas de infiltração que alimentam as águas subterrâneas da RMSP, cujas lâminas situam-se entre 300 e 600 mm/ano. Dessa forma, torna-se viável extrair por meio de poços tubulares até 18 m³/s do manto de alteração e zonas aquíferas associadas das rochas do embasamento geológico de idade pré-cambriana. Por sua vez, os depósitos aquíferos da bacia sedimentar de São Paulo podem proporcionar mais 7 m³/s. Isso significa a possibilidade de extrair do subsolo da RMSP cerca de duas vezes a vazão que é proporcionada pela Guarapiranga.

Os estudos de vulnerabilidade dos aquíferos da RMSP mostram, ainda, como o poço mal construído, operado ou abandonado, se transforma em verdadeiro foco de contaminação do manancial de água subterrânea na RMSP.

Estimou-se que cerca de 10.000 poços tubulares privados estão em operação na RMSP para abastecer empresas de venda de água engarrafada e de caminhões-pipa, hotéis, hospitais, indústrias, condomínios, clubes sociais, principalmente, extraindo cerca de 25% dos potenciais. Um levantamento realizado na RMSP indicou que a maioria desses poços é utilizado entre 3 e 10 horas por dia e as vazões são muito variadas, suficientes para encher os reservatórios e caixas d'água dos usuários, sendo a vazão média contínua de 5 m³/h. A orientação e estímulo para um uso cada vez mais eficiente da gota d'água disponível deverá ser a base de um fornecimento regular de água, com garantia da sua qualidade para consumo doméstico.

Volta-se a ressaltar a necessidade do uso das águas subterrâneas na RMSP, devidamente inserido num processo de planejamento e gestão integrada da gota d'água disponível – água de chuva, rios, subsolo e de reúso não potável.

O PREÇO DA ÁGUA "GRATUITA"

"Saber usar a gota d'água disponível de forma cada vez mais eficiente é mais importante do que ostentar sua abundância"

out./2001

Desde os primórdios do Brasil Colonial (1500-1822) a água de consumo – doméstico, industrial e para irrigação – tem sido extraída livremente de rios que nunca secam, lagoas e açudes ou de poços perfurados pelos próprios usuários. Essa situação deu suporte, certamente, à ideia ainda dominante no mundo de que a água é um recurso abundante, gratuito e inesgotável.

No presente, o preço da água "gratuita" corresponde ao consumo de energia elétrica de bombeamento, pelo menos. Dessa forma, não obstante o Brasil ostentar as maiores descargas de água-doce do mundo nos seus rios, corre-se o risco de sermos "o sujão" se faltar energia elétrica para bombeá-la do manancial de superfície – rio perene, isto é, que nunca seca, lagoa, açude – ou do poço escavado e perfurado até a torneira do usuário, seja doméstico, industrial ou agrícola.

Todavia, o racionamento atual de energia elétrica, assim como a cobrança implacável do seu consumo, tem servido para mostrar que a água captada livremente de um rio, lagoa, açude ou de um poço é um recurso limitado e tem um preço. A Agência Nacional de Água – ANA assinala que, no Vale do Rio Jaguaribe, Ceará, o racionamento de energia elétrica em curso e a cobrança do seu consumo pela empresa de fornecimento, agora privada, levou à substituição de 12.000 hectares de arroz irrigado (demanda de 21.000 m^3/ha/ano e eficiência econômica de 0,02 US\$/m^3) pelo cultivo de frutíferas (demandas entre 5.000 e 7.000 m^3/ha/ano e eficiência econômica de 3-6 US\$/m^3), segundo as avaliações do Banco do Nordeste, 1999.

Além disso, essa substituição de cultura e de métodos de irrigação engendrou uma redução do consumo de água da ordem de 5 m^3/s, suficientes para abastecer uma cidade do porte de Fortaleza com uma taxa de 200 l/hab/dia. Essa taxa de consumo de água é preconizada pela Organização Mundial de Saúde, em 2000, como suficiente para usufruto do conforto urbano moderno. Dessa forma, fica mostrado que irrigar arroz no vale do Rio Jaguaribe, Ceará, é uma inépcia econômica, além de ambiental.

Portanto, sendo o bolso a parte mais sensível do corpo humano, cresce a expectativa de que a "cobrança pelo uso da água" possa se transformar num forte indutor da sua captação e uso cada vez mais eficiente. A alternativa de uso integrado e cada vez mais eficiente da gota d'água disponível – captação de chuva, rios, poços, açudes, águas de reúso, – é uma experiência de sucesso comprovado nos países relativamente mais desenvolvidos, como a solução mais viável dos problemas de abastecimento de demandas crescentes, atuais e futuras. Todavia, isso representa um grande desafio para a sociedade brasileira, incluindo seu meio técnico, pois o atual pensamento, historicamente estabelecido é que a construção de obras extraordinárias constitui a única solução para os problemas de escassez local ou ocasional de água nas nossas cidades ou no Nordeste semiárido.

ÁGUA SUBTERRÂNEA NO IV DIÁLOGO INTERAMERICANO DAS ÁGUAS

nov./2001

No período de 2 a 6 de setembro de 2001, realizou-se em Foz de Iguaçu, Brasil, o IV Diálogo Interamericano das Águas – Busca por Soluções. Um fato inédito desse IV Diálogo das Américas – Norte, Central, Caribe e Sul – foi o tema "Água Subterrânea" ter sido abordado com relativo destaque. Entretanto, a ênfase foi o seu uso tradicional para desenvolvimento das zonas desérticas, áridas, semiáridas e pobres do mundo.

A importância atual da água subterrânea nas regiões ricas do mundo, a tal ponto que o Global Fund Facility das Nações Unidas deverá aplicar US$ 14 milhões no Projeto de Gestão Integrada do Aquífero Guarani transfronteiriço – Argentina, Brasil, Paraguai e Uruguai – foi, sem dúvida, um fato inusitado.

A avaliação geral do evento é que foi um sucesso de público, pois se teve mais de mil participantes, dos quais mais de duzentos apresentaram tópicos relevantes. Os temas abordados compreenderam a variação climática, captação de água de chuva, hidrologia urbana, gestão integrada de bacias, cobrança pelo uso e mercado da água, dentre outros.

Porém, a ênfase foi dada à "crise de água" que se anuncia como a marca deste Terceiro Milênio, olvidando-se o fato das Américas constituírem o pedaço mais rico de água-doce do planeta. Por sua vez, pouco se falou dos numerosos exemplos de sucesso nos seus países mais desenvolvidos, onde a satisfação do cliente, o uso integrado e cada vez mais eficiente da gota d'água disponível – captação de chuvas, rios, poços e de reúso – são as alternativas mais baratas para atender às demandas crescentes de água e resolver os problemas de abastecimento durante os períodos de escassez relativa.

Entretanto, preconceitos tecnológicos e falsas ideias sobre as condições de uso e proteção da água subterrânea, manancial mais barato para abastecimento do consumo humano têm dado suporte à implantação de projetos mais caros – porém, fotogênicos e geradores de prestígio político e administrativo – de captação, adução e tratamento das águas dos rios e outros corpos de águas superficiais, muito dos quais recebem esgotos não tratados na maioria dos países emergentes das Américas.

Portanto, os problemas de abastecimento d'água nas Américas não significam falta do precioso líquido, mas decorre do fato de a maioria da população dos países emergentes já não poder pagar o preço cada vez mais elevado da água limpa de beber, sobretudo, quando esta é captada em rios cada vez mais distantes, poluídos e tratada por métodos cada vez mais complexos.

Nesse quadro, a captação da água subterrânea seria a alternativa mais viável para consumo humano, por apresentar boa qualidade natural e está cada vez mais acessível aos meios técnicos e financeiros disponíveis, devido aos progressos tecnológicos de construção dos poços, crescentes performances das bombas e expansão do fornecimento da energia elétrica.

A ESTRATÉGIA DA ESCASSEZ

dez./2001

Com os votos de Feliz Natal e Próspero Ano de 2002, quero agradecer as críticas, sugestões e elogios recebidos durante o Ano de 2001. Em segundo lugar, tudo indica que a falta de água limpa de beber não será, certamente, a marca deste Século XXI. Porém, é certo que mesmo no Brasil – país que ostenta as maiores descargas de água-doce do mundo nos seus rios – se torna necessário modificar a prática, historicamente estabelecida de transformar o fornecimento pouco eficiente e os grandes desperdícios em "Estratégia da Escassez" e de que a construção de obras extraordinárias para expansão da oferta d'água é a única solução para os problemas locais e ocasionais de abastecimento.

A ONU/UNESCO/PHI – Programa Hidrológico Internacional avalia a quantidade total de água da Terra em 1.386 milhões km³. Desse total, apenas 2,5% ou cerca de 34,65 milhões são de água-doce, isto é, aquela cujos teores de Sólidos Totais Dissolvidos (STD) são inferiores a 1.000 mg/l. Assinala que a água-doce da Terra, num instante dado, está assim distribuída; 68,9% ou cerca de 24 milhões km² formam as calotas polares e geleiras, 29,9% ou 10,4 milhões km² são de água subterrânea e 0,3% ou 150 mil km³ formam os estoque nas calhas dos rios e lagos. Verifica, ainda, que o ciclo hidrológico renova as águas da Terra de forma espetacular, sendo de 43.000 km³/ano a vazão média de longo período dos rios do mundo. Por sua vez, estima que a demanda total de água-doce da humanidade no ano 2000 – consumo doméstico, industrial e agrícola – atingiria cerca de 5.000 km³/ano, ou seja, da ordem de 12% da descarga média dos rios do mundo.

Portanto, os cenários catastróficos do relatório anual 2001 da ONU, segundo os quais "o mundo já utiliza 54% das reservas de água-doce da Terra e que, em 2050, cerca de 4,2 bilhões de pessoas estarão vivendo com menos de 50 litros de água por dia", não têm qualquer fundamento hidrológico. Além disso, não se considera o grande número de exemplos de sucesso do uso integrado atual e cada vez mais eficiente da gota d'água disponível – pluvial, rios, subterrâneas e de reúso, principalmente – como as alternativas mais viáveis para atender demandas crescentes futuras e solucionar problemas de escassez periódica. Não considera, tampouco, que se tem no subsolo cerca de 4,2 milhões de km³ de água subterrânea, comparativamente, mais bem protegida dos agentes de contaminação que degradam os rios e ligada ao mecanismo de renovação das águas da Terra.

Por sua vez, não se leva em conta à utilização da água subterrânea como, regra geral, a alternativa mais barata para abastecimento humano, principalmente, e acessível aos meios técnicos disponíveis, até mesmo nos países subdesenvolvidos. Nesse quadro, destacam-se os progressos alcançados pelas tecnologias de construção, operação e manutenção de poços, a performance das bombas e a expansão da oferta de energia elétrica em níveis nunca imaginados em, praticamente, todos os países do mundo.

Portanto, o relatório de 2001 da ONU continua manipulando a "Estratégia da Escassez" ao atribuir ao crescimento da população nos países subdesenvolvidos, principalmente, o ônus da escassez, local e ocasional, d'água limpa de beber. Por sua vez, não considera os problemas resultantes do crescimento excessivo das demandas nos países desenvolvidos e, sobretudo, da degradação da sua qualidade. Entretanto, nos países ricos meio copo d'água significa meio cheio, uma oportunidade para ganhar mais dinheiro, enquanto nos países pobres significa que o copo está meio vazio, uma oportunidade à "Política de Bastidores" manipular a "Estratégia da Escassez".

USO EFICIENTE DA ÁGUA: FATOR COMPETITIVO DO MERCADO

jan./2002

Os exemplos do uso eficiente e integrado da gota d'água disponível, como fator competitivo do mercado, são cada vez mais frequentes no mundo. Entretanto, apesar de o Brasil ostentar a maior descarga de água-doce do mundo nos seus rios, apresenta problemas de abastecimento decorrentes do mau uso das suas águas.

Todavia, apesar de se extrair livremente água de um rio, açude ou de um poço, esta tem um preço – de bombeamento pelo menos – que é fator competitivo do mercado. Como consequência, os métodos tradicionais pouco eficientes de irrigação, tais como espalhamento superficial, pivô central e aspersão convencional, vem sendo substituídos por outros mais eficientes, tais como o gotejamento e a microaspersão. No meio urbano, essa percepção induz a substituição de equipamentos domésticos obsoletos, tais como bacias sanitárias que necessitam de 18 a 20 litros por descarga por modelos mais modernos que usam apenas 6 litros de água, as torneiras de rosca são substituídas por modelos de fechamento automático, já não se tolera a baixa eficiência das empresas de abastecimento, cujas perdas totais da água captada, tratada e injetada nas redes de distribuição situam-se entre 30% e 70%, enquanto ficam entre 5 e 15% nos países mais desenvolvidos. Por sua vez, as águas subterrâneas são, prioritariamente, reservadas ao consumo humano, tendo em vista a sua potabilidade natural resultar em menores custos de utilização, enquanto as de menor qualidade são utilizadas nas atividades urbanas, industriais e irrigação. Além disso, campanhas permanentes de informação – tanto nas cidades, na indústria e no campo – ensinam a usar de forma cada vez mais eficiente a gota d'água disponível.

Outro fator importante é que, enquanto nos países ricos a água é um recurso natural essencial à boa qualidade de vida e aos negócios, nos países pobres é, geralmente, considerada um recurso natural vital à subsistência das pessoas. Entretanto, já se percebe em muitas regiões pobres do mundo que produzir frutas e flores é a solução mais viável. Assim, verifica-se que irrigar arroz, cana-de-açúcar e outras culturas tradicionais no Nordeste semiárido brasileiro não é somente um crime ambiental, mas, sobretudo, uma burrice econômica. Verifica-se que essa região apresenta a peculiaridade de ser uma estufa climática natural, onde a ocorrência de secas ou de chuvas muito irregulares é uma oportunidade de se ganhar mais dinheiro. A nossa grande vantagem é que se tem cerca de três mil horas de sol por ano, o que possibilita a obtenção de várias safras de flores e frutas. Além disso, o ciclo da flor – entre a germinação e o corte – é de apenas 45 dias, contra 75 dias em São Paulo, por exemplo. Enquanto em São Paulo a produção é de 120 botões de rosa por m², no Ceará, por exemplo, chega-se a 200.

Nesse quadro, a água subterrânea tem um papel cada vez mais relevante, porque é o recurso d'água-doce disponível mais abundante da Terra, relativamente protegido dos efeitos de secas, mais barato e acessível aos meios técnicos e financeiros existentes. Efetivamente, em função dos progressos alcançados pelos métodos e equipamentos de perfuração, a performance crescente das bombas e a expansão da oferta de energia elétrica, já não há limites técnico e econômico para se extrair água dos aquíferos da Terra, até dos mais profundos e confinados. Torna-se necessário transformar a ideia de que a escassez local e eventual de água se combate com o aumento da sua oferta – mediante a construção de obras extraordinárias de captação, tratamento ou de poços – para a de que o uso cada vez mais eficiente e integrado da gota d'água disponível é a alternativa mais barata.

AS ÁGUAS SUBTERRÂNEAS E A "CRISE DA ÁGUA"

fev./2000

A água-doce da Terra – teores de Sólidos Totais Dissolvidos (STD) inferiores a 1.000 mg/l – ocorre nas suas partes emersas ou continentes, principalmente. O seu maior volume de água na forma líquida ocorre invisível no subsolo (10,36 milhões de km³) e o menor volume está visível nos rios e lagos (104 mil km³).

Essa visão da água dos rios e lagos incita de tal forma os profetas da "crise da água" que o relatório das Nações Unidas sobre população de 2001 assinala que 54% do seu volume corresponde às demandas atuais de água da humanidade.

Todavia, omite-se que o ciclo hidrológico proporciona uma renovação permanente das águas dos rios do mundo, de tal forma que a sua descarga média de longo período é de 43.000 km³/ano. Assim, sem o desperdício e a degradação dos rios nos níveis nunca imaginados atuais, não haveria falta de água no mundo e muito menos "crise de água".

Além disso, os profetas da "crise da água" não cogitam, sequer, na utilização do manancial subterrâneo, embora seja, comparativamente, o maior volume de água-doce da Terra, mais protegido dos agentes de poluição pela camada de material não saturado sob a qual ocorre e cuja descarga pereniza os rios do mundo durante o período que não chove. No Brasil, o escoamento básico dos rios indica que a taxa de recarga dos nossos aquíferos é da ordem de 3.400 km³/ano.

Nessa abordagem os profetas da "crise da água" desconhecem ou omitem, certamente, os progressos alcançados pelas técnicas de perfuração de poços produtores de água, as crescentes performances das bombas e a expansão da rede elétrica, o que torna viável a utilização até dos aquíferos profundos ou confinados.

Tendo em vista a má distribuição das descargas dos rios em relação às demandas de água, as Nações Unidas têm expressado a oferta de água em termos de potenciais *per capita*, ou seja, o resultado da divisão das descargas médias de longo período dos seus rios pela população de cada país, região ou bacia hidrográfica. Dessa forma, o potencial *per capita* atual de água-doce no Brasil é de cerca de 35.000 m³/ano, contra 9.000 m³/ano nos Estados Unidos e apenas cerca de 350 m³/ano em Israel, um dos países mais pobres de descarga nos seus rios. Todavia, os índices de desenvolvimento humano – IDH desses países são muito superiores aos do Brasil e das populações das suas regiões com as maiores descargas nos seus rios.

Assim, qualquer que seja a metodologia adotada para classificar a "crise da água" nos países membro das Nações Unidas, não se tem uma valorização efetiva das águas subterrâneas.

No Brasil, os rios são perenes sobre mais de 90% do seu território, significando que a contribuição dos fluxos subterrâneos é suficientemente importante para alimentar as suas descargas durante o período sem chuvas. Por sua vez, a extração de apenas 25% dos 3.400 km³/ano de recarga desse manancial poderia abastecer 80% das nossas cidades cuja população é inferior a 20.000 habitantes.

Em todas as nossas áreas metropolitanas, poços não controlados abastecem hospitais, hotéis, condomínios e clubes privados. Além disso, o setor empresarial que comercializa "água engarrafada" ou em caminhão-pipa, extrai água subterrânea naturalmente potável nos setores urbanos ou nas suas proximidades.

No entanto, o fornecimento de água potável exerce significativa influência sobre a saúde pública e a economia globalizada, a palavra de ordem é eficiência de uso da gota d'água disponível, tanto superficial quanto subterrânea ou de reúso, principalmente.

ÁGUA NEGÓCIO

mar./2002

Água negócio, agricultura negócio, energia negócio, saúde negócio, segurança pública negócio e outros mais são condições que dominam, atualmente, os mercados regional, nacional e global. Contudo, em praticamente todos esses casos a otimização é um fator competitivo imposto pelos que têm dinheiro para ganhar mais dinheiro. Nos países subdesenvolvidos onde parece que dinheiro é para gastar, ainda se prefere ostentar abundância ou escassez, em lugar do saber usar o recurso disponível.

Dessa forma, embora o Brasil ostente entre 1.000 e mais de 100.000 m³/ano per capita de água-doce numa extensa rede de rios que nunca seca e mais 5.000 m³/ano *per capita*, correspondentes a utilização de apenas 25% das taxas de recarga dos 112.000 km³ de águas subterrâneas, parece preferir a vala comum dos países pobres de água-doce. Não obstante, Israel com apenas 350 m³/ano *per capita* apresenta índices de desenvolvimento humano – IDH muito superiores aos do Brasil.

Nesse contexto, o grande desafio para a sociedade brasileira, incluindo seu meio técnico, é modificar a atual ideia, historicamente estabelecida de que a expansão da oferta é a única solução para os problemas de recursos hídricos. Embora a água tenha um valor indiscutível para o ser humano, a fixação de um preço para ela, conforme estabelece a Lei Federal das Águas nº 9.433/97 e a Lei nº 9.984/00, que criou a Agência Nacional de Águas – ANA, é ainda uma questão polêmica.

Uma retrospectiva dos trabalhos realizados mostra, de maneira bastante clara, uma mudança extremamente significativa de enfoque. No início, a ênfase era o atendimento às exigências legais impostas pelas agências de fiscalização ambiental. Entretanto, os custos crescentes da oferta de água e de disposição dos efluentes exigem uma avaliação mais abrangente dos sistemas hídricos e dos processos produtivos. Isso permite identificar oportunidades de otimização desses sistemas, particularmente pela introdução de práticas de uso integrado da gota d'água disponível, de reciclagem e de reúso de efluentes. A partir daí, o objetivo maior da gestão integrada da água é diminuir os custos de oferta da água e buscar uma eficiência cada vez maior dos seus usos e dos processos produtivos de forma ambientalmente correta.

Nesse contexto, a inserção da água subterrânea exige que os poços sejam cada vez mais bem construídos, operados e abandonados, ou seja, que atendam especificações técnicas de engenharia geológica (respeito aos selos geológicos naturais), engenharia hidráulica (máxima eficiência de produção ou recarga) e de engenharia sanitária (proteção contra os agentes reais ou potenciais de degradação da qualidade).

Aos ganhos econômicos assim obtidos, juntam-se dois outros: o primeiro, de natureza operacional, na medida em que, com o uso racional da gota d'água disponível e com o tratamento de efluentes para reúso, a empresa acaba dispondo de uma fonte alternativa de abastecimento, de extrema importância em regiões onde o fornecimento de água não é seguro ou onde a fonte própria da empresa está operando próximo ao limite. O segundo está ligado à imagem da empresa, já que a prática de uso racional da gota d'água disponível e de reúso, principalmente, acaba revelando a preocupação de reduzir os impactos nos recursos hídricos e no ambiente, representados pelo menor volume de descarga de efluentes não tratados.

ÁGUA SUBTERRÂNEA: A ALTERNATIVA MAIS BARATA (I)

abr./2002

Durante a última mudança global do clima da Terra, correspondente à Grande Idade do Gelo, cujo auge ocorreu entre 50.000 e 10.000 anos atrás, um volume de água-doce superior ao existente atualmente (47 milhões de km³) formava as massas de gelo que cobriam a maior parte dos continentes. Como decorrência, o nível dos mares no Brasil, por exemplo, chegou a baixar entre 100 e 140 m em relação à posição média atual. A tendência de aquecimento global que se registra na atmosfera da Terra, atualmente, poderá desmantelar as condições atuais de produção agrícola e fazer subir o nível médio dos mares, principalmente, afogando grandes cidades e transformando águas costeiras subterrâneas doces em águas salobras.

O crescimento dessa cobertura de gelo empurrou hordas de caçadores e catadores de alimentos para as áreas mais quentes da Terra, tais como a Mesopotâmia dos rios Tigre e Eufrates. Nessas regiões, os povos antigos, muitos dos quais deram origem às civilizações atuais, passaram a utilizar as águas subterrâneas para abastecimento humano, animal e produção de alimentos.

Os vestígios mais antigos – até agora conhecidos – de poços escavados para extração de água limpa de beber datam de 8.000 a.C. Por sua vez, os severos códigos estabelecidos pelo rei Hamurabi, por exemplo, milhares de anos antes de Cristo, muitos capítulos do Gênesis sendo verdadeiras cartilhas de águas subterrâneas, as captações horizontais de água subterrânea que foram realizadas pelos povos primitivos ou "canates", bem atestam a sua importância nessas áreas da Terra.

Nas civilizações orientais (China e Índia, principalmente) os vestígios dos primeiros poços perfurados datam de 5.000 a.C. Entretanto, na virada do Primeiro Milênio para o segundo, a Europa se reconstruía sobre as ruínas do Império Romano. Somente por volta de 1.100 d.C. é que foram perfurados os primeiros poços artesianos na cidade de Artois, França, daí o nome desse tipo de captação. Porém, até por volta de 1.600 d.C. a origem das águas das fontes, tão frequentes nas ilhas do mar Mediterrâneo, berço de povos antigos, e nos terrenos montanhosos da Itália, era atribuída à ação de figuras mitológicas e à sua penetração nas cavernas e buracos submarinos.

O pouco conhecimento sobre as condições de ocorrência e circulação das águas subterrâneas sempre favoreceu os prognósticos apocalípticos que dão suporte à milenar guerra da água. Por exemplo, mesmo dentre os "especialistas" ainda há quem afirme que da água-doce da Terra, somente 0,6% é utilizável. Nesse quadro, omite-se a renovação das águas dos rios da Terra, cujas descargas médias de longo período (43.000 km³/ano) seriam mais do que suficientes para atender demandas totais – consumo doméstico, industrial e agrícola – da ordem de 6.000 km³/ano no ano 2000. Omite-se, igualmente, o estoque de água subterrânea doce da Terra – da ordem de 10 milhões km³ – e que sua utilização é a alternativa mais barata, para abastecimento doméstico e industrial. Por sua vez, omite-se que, atualmente, a tecnologia disponível no mundo, em geral, e no Brasil, em particular, de construção de poços, as crescentes performances das bombas e a expansão da oferta de energia elétrica tornam possível à extração de água de qualquer aquífero profundo da Terra.

A possibilidade de atender demandas crescentes de água mediante um uso atual cada vez mais eficiente é uma experiência de sucesso comprovado em muitos países desenvolvidos. Assim, saber usar a gota d'água disponível é mais importante do que ostentar abundância ou escassez. Pretende-se com essa abordagem em partes I, II, III e IV, chegar à prática do uso sustentável das águas subterrâneas de uma determinada área, experiência de sucesso comprovado em muitos países desenvolvidos, principalmente.

ÁGUA SUBTERRÂNEA: A ALTERNATIVA MAIS BARATA (II)

maio/2002

Os progressos alcançados pelas tecnologias de construção de poços, as crescentes performances das bombas e a expansão da oferta de energia elétrica, durante as três últimas décadas do século passado, fazem com que já não se tenha praticamente limitação técnica à extração de água dos aquíferos profundos e confinados do mundo. Além disso, o verdadeiro reator biogeoquímico através do qual a água infiltra e circula, proporciona uma autodepuração da sua qualidade em níveis ainda não alcançados pelos mais complexos e caros métodos utilizados, atualmente, para tratamento das águas captadas nos rios e outros mananciais de superfície.

Assim, uma vez que a alternativa de sua utilização da água subterrânea mostra-se a mais barata, a sua percepção cresce, sobretudo, a partir da década de 1970. Os custos internacionais da alternativa de captação da água subterrânea são da ordem de US$ 88 por mil m^3 são, regra geral, inferiores aos alcançados por outras tecnologias, tais como de captação de rios de US$ 123-246 (não incluem transporte).

Tornam-se crescentes os custos e as complexidades dos problemas ambientais, legais, institucionais e sociais relacionados à captação de águas superficiais, a transposição de bacias hidrográficas vizinhas, o tratamento e o seu transporte cada vez maior dessas águas.

Entretanto, no paradigma global atual, o fornecimento da água pelo menor custo possível e a otimização dos seus usos são fatores competitivos impostos pelo mercado e pelos agentes financeiros internacionais. Por isso, prevalece a ideia de gestão integrada de águas na perspectiva "de faturamento" da água subterrânea e de reúso, mediante a cobrança pelo seu uso, por exemplo. Porém, a utilização da água subterrânea continua sendo feita com base no empirismo, na improvisação e no palpite de alguns. É necessário, contudo, investir no conhecimento para se garantir o que se vende, única forma de se conquistar a confiança de quem compra. Ao contrário, parece que se prefere a boca torta pelo uso prolongado do cachimbo, ou seja, continuar na forma de gestão apenas das águas visíveis, mesmo que essa alternativa seja a mais cara.

Vale salientar que os rios de uma área nunca secam – tal como ocorre sobre mais de 90% do território nacional – já que a contribuição dos fluxos subterrâneos é suficiente para alimentar as suas descargas durante todo o período de estiagem ou sem chuvas. Ao contrário, quando são temporários, significa que a contribuição dos fluxos de água subterrânea não é suficiente para alimentar o seu escoamento durante todo o período sem chuvas – tal como acontece nas bacias hidrográficas esculpidas, em suas maiores extensões, nos terrenos cristalinos praticamente impermeáveis e subaflorantes do semiárido do Nordeste.

A extração desordenada atual da água subterrânea poderá afetar as descargas de base dos rios perenes, os níveis dos açudes, secar pantanais e reduzir a umidade do solo que dá suporte à exuberante biomassa natural ou cultivada. Torna-se, portanto, urgente passar do discurso à prática de uma gestão integrada de águas no Brasil.

ÁGUA SUBTERRÂNEA: A ALTERNATIVA MAIS BARATA (III)

jun./2002

O último censo demográfico ressalta o fato de o consumo de água limpa de beber ter crescido, no Brasil, cerca de 191% no período de 1991-2000 (IBGE, 2000). Ressalta, ainda, que água limpa de beber já não significa, necessariamente, água tratada. Essa situação reflete sobre a percepção de que o fornecimento de água pelo menor custo possível é um fator fundamental do lucro, induzindo um maior uso da água subterrânea como a alternativa mais barata de abastecimento.

Por sua vez, tem-se a produção da ordem de dois bilhões litros/ano de água engarrafada ou mineral, extraída de poços, fontes ou nascentes. Portanto, a extração de água subterrânea é suporte fundamental do negócio altamente promissor de venda de água engarrafada, cujo valor atual é da ordem de US$100 milhões/ano, no Brasil. O nosso consumo *per capita* sendo de apenas da ordem de 10 litros/anos, enquanto na França e Itália, por exemplo, já é superior aos 100 litros/ano *per capita*, indicando o quanto ainda se pode crescer nesse setor. Além disso, tem-se o comércio da água potável fornecida em carro-pipa às industrias e condomínios, principalmente.

Dessa forma, apesar dos caóticos cenários sanitários dominantes nas nossas cidades, ainda é possível captar água subterrânea de boa qualidade no meio urbano, salvo quando poços mal construídos, operados ou abandonados se transformam em verdadeiros focos de contaminação. Estima-se que cerca de 7.000 poços privados não controlados estejam em operação na Região Metropolitana de São Paulo e mais de 2.000 na do Recife, abastecendo hotéis de luxos, hospitais, indústrias e condomínios privados. Essa forma de utilização não controlada da água subterrânea é uma prática comum em todas as áreas metropolitanas do Brasil e nas suas grandes cidades, como forma de minimizar os prejuízos financeiros e de saúde, além do desconforto resultante da irregularidade do fornecimento de água tratada pelos serviços oficiais.

A utilização da água subterrânea não pode ser cogitada como a alternativa de abastecimento público nas áreas metropolitanas e nas grandes cidades porque o seu uso implicaria a realização de um controle da sua potabilidade num grande número de poços. A forma de utilização atual abastece boa parte da população de maior poder aquisitivo – onde só a construção do poço custa da ordem de R$ 25.000,00 – valor que é amortizado entre 1/3 e metade da vida útil dos poços de 20 anos, tendo-se por base o preço do m^3 de água fornecido pelo serviço público.

Assim, a utilização da água subterrânea sendo a alternativa mais barata para abastecimento doméstico, necessita ser considerada prioritária. Por sua vez, na abordagem da gestão integrada da gota d'água disponível torna-se necessário considerar as diferentes funções dos aquíferos, tais como de produção, autodepuração ou filtro, transporte, reúso para controle da interface marinha e geotermal, seja como alternativa estratégica de abastecimento doméstico, seja para atender, às demandas de água não potável no meio urbano, na indústria e na agricultura.

ÁGUA SUBTERRÂNEA: ALTERNATIVA MAIS BARATA (IV)

jul./2002

O gigantesco mecanismo de renovação das águas na Terra – o ciclo hidrológico – é movido pelas energias solar e a gravitacional. Nesse quadro, a energia solar dá suporte ao desenvolvimento da biomassa, transformando a água no vapor que sobe à atmosfera e forma as nuvens, ou o *Green*

Water Flow. Por sua vez, a energia gravitacional atrai essas nuvens, fazendo-as cair na Terra na forma de chuva, neblina e neve, principalmente. Além disso, sob a ação da gravidade uma parcela dessas precipitações flui pela superfície do terreno e outra infiltra no seu solo/subsolo, a qual é drenada pelos rios que formam a bacia hidrográfica em questão.

Nesse quadro, a quantidade média de longo período das descargas dos rios da Terra (43.000 km³/ano) constitui o potencial renovável de água da Terra, ou o *Blue Water Flow*. Os fluxos subterrâneos alimentam as descargas dos rios durante o período de estiagem (13.000 km³/ano), de tal forma que, quando estes nunca secam significa que a recarga natural dos seus estoques de água subterrânea é relativamente importante; caso contrário, os rios secam, ou seja, são temporários. A demanda total de água da humanidade sendo da ordem de 5.000 km³/ano – consumo doméstico de 10%, industrial de 20% e irrigação de 70% – significa que, em termos globais, há água suficiente na Terra para abastecer a humanidade.

Entretanto, o problema com a água – e existe um problema – decorre, fundamentalmente, do duelo recorrente entre a natural variabilidade da sua oferta – tanto no espaço quanto no tempo – ao crescimento desordenado das demandas locais, grandes desperdícios e degradação da sua qualidade em níveis nunca imaginados. Mas do ponto de vista prático, o aspecto crítico é menos a quantidade total de precipitação atmosférica que sua distribuição relativa aos ciclos anuais. Uma precipitação atmosférica bem distribuída, embora inferior à normal, causa poucos danos, enquanto uma precipitação "normal", concentrada nos meses errados, poderá engendrar consideráveis prejuízos ambientais, hidrológicos, de abastecimento doméstico, industrial e perdas de safra.

Em termos históricos verifica-se que, desde os primórdios dos tempos primitivos, a utilização de estoques reguladores superficiais ou subterrâneos possibilitou lidar com severas irregularidades pluviométricas. Entretanto, essa água nunca foi gratuita, embora a sua extração de um rio, barragem ou de um poço tenha sido livre. Tem-se, efetivamente, o custo da energia que é consumida, pelo menos. Por sua vez, a extração desordenada atual da água subterrânea poderá reduzir o escoamento básico dos rios, secar áreas encharcadas e fontes, reduzir a umidade dos solos que suportam a exuberante biomassa natural ou cultivada, dentre outras formas de impactos ambientais.

Nesse quadro, a alternativa de utilização da água subterrânea é, regra geral, a mais barata para abastecimento do consumo doméstico. Esse é apenas um exemplo da revolução de conceitos que resgataria a nossa essência como povo, reduzindo a parte pobre de nossa sociedade que dá suporte à "estratégia da escassez" como forma de conseguir verbas ou investimentos com juros privilegiados para construção de obras extraordinárias cada vez mais caras, como única solução para os problemas de recursos hídricos. Enquanto isso, a utilização cada vez mais eficiente das diferentes funções dos aquíferos – produção, estocagem natural ou artificial de água protegida dos agentes de contaminação e das grandes perdas por evaporação, regularização da oferta, função filtro, autodepuração biogeoquímica das águas de reúso, geotermal, dentre outras – é apenas um exemplo de como produzir uma verdadeira revolução ética capaz de conduzir o país e seu povo ao lugar e ao nível de vida que realmente merecemos.

O USO INTENSIVO DAS ÁGUAS SUBTERRÂNEAS

ago./2002

A energia emanada pelo Sol transforma as águas da Terra – oceanos e continentes – em vapor, o qual sobe à atmosfera para formar as nuvens. À medida que acumulam grandes volumes de água, estas são atraídas pela gravidade da Terra – na razão direta das massas e na razão inversa do quadrado das distâncias – e voltam a cair na forma de chuva, neblina ou neve, principalmente.

Ainda sob a ação da gravidade, uma parcela dessa água infiltra no solo e dá suporte ao desenvolvimento da sua biomassa natural ou cultivada, sendo por isso chamada de *Green Water Flow*. Também, sob a ação da gravidade, outra parcela escoa pela superfície do terreno e pelo subsolo indo desaguar nos rios e constituindo o assim chamado *Blue Water Flow*.

Como a velocidade do fluxo da água no subsolo de uma bacia hidrográfica qualquer é, em geral, muito baixa (cm/dia), este só deságua no sistema de drenagem durante o período que não chove. Dessa forma, o fluxo subterrâneo alimenta, fundamentalmente, o escoamento básico dos rios, o qual corresponde à parcela da precipitação de água atmosférica que infiltrou nos terrenos da bacia hidrográfica em questão.

Quando o volume de água subterrânea extraído é superior ao infiltrado na área em questão, configuram-se situações de *groundwater over use, over exploitation* ou *overexploited aquifer,* as quais são geralmente consideradas em termos de seus efeitos negativos. Dentre esses efeitos vale ressaltar que a extração da água subterrânea de uma bacia hidrográfica sendo feita de forma desordenada poderá afetar o escoamento básico dos rios, secar nascentes, influenciar os níveis mínimos dos reservatórios ou açudes, pantanais e engendrar impactos no desenvolvimento da biomassa em geral.

Entretanto, essas formas de extração da água subterrânea poderão ter efeitos também positivos, na medida em que são feitas numa abordagem flexível. Em outras palavras, a gestão da água subterrânea exige que se regulamente, não somente a sua extração, mas, sobretudo, os seus usos, particularmente em condições de escassez ou de estresse de água, pois as recargas induzidas pelas formas de uso e reúso poderão ser altamente promissoras aos aquíferos da área e ao ambiente em geral.

Dentre as limitações de uma abordagem puramente regulatória da gestão da água subterrânea situam-se: (1) Um sistema de outorga que regula a simples permissão para extração de uma certa vazão e que não tem a flexibilidade de considerar as situações ética, ecológica e social do seu uso e conservação; (2) A implementação de um sistema regulatório efetivo requer a existência de ferramentas adequadas devidamente controladas pelas instituições responsáveis pelos regulamentos; (3) A gestão da água subterrânea que é baseada primariamente num sistema regulatório de outorga de direito de uso requer a existência de um sistema de informação sobre os recursos e as suas condições de uso. Quando uma tal condição não existe, torna-se necessário garantir a participação social e efetiva implementação de programas de gestão.

Para se alcançar um desenvolvimento sustentável da água subterrânea é necessário, portanto, grande participação dos usuários na fase de planejamento e nos processos de decisão, o que implica um significante esforço educacional e a busca de mecanismos alternativos para resolver situações conflitantes, tais como redução das descargas subterrâneas para o mar, controle de áreas encharcadas, controle da interface marinha, reúso da água, regulação dos usos como fatores de recarga induzida.

Assim, ao se praticar a gestão integrada da gota d'água disponível, os aquíferos da bacia hidrográfica em questão passam a desempenhar variadas funções, tais como: produção, filtro, reúso, transporte, estocagem, conservação e energética geotermal. A aplicação de modelos matemáticos do tipo RASA – *Regional Aquifer-System Analysis* que considera os sistemas de fluxos subterrâneos em lugar de dados pontuais de produção de poços, mostra que no Centro-Oeste dos Estados Unidos (Columbia Plateau, Central Valley – CA, *Great Plains,* p. ex.) se extrai, atualmente, 305 m³/s, 446 m³/s e 26 m³/s, enquanto as taxas de recarga natural dos aquíferos destas áreas são muito inferiores, respectivamente, de 202, 78 e 10 m³/s (Johnston, R. H. *Sources of water supplying pumpage from regional aquifer systems of the United States,* Hydrogeology Journal, vol. 5, nº 2, 1997).

JOANESBURGO E AS ÁGUAS SUBTERRÂNEAS

set./2002

A ideia da Terra coberta de água sobre cerca de $2/3$ da sua superfície remonta aos tempos primitivos. Porém, sua visão foi possível, pela primeira vez, em meados do século passado, quando os astronautas viram a Terra do espaço como uma bola azul e branca dominada não pela ação e pela obra do homem, mas por um conjunto ordenado e integrado de sistemas: a atmosfera, a litosfera, a biosfera e a hidrosfera, principalmente. O fato de a humanidade ser incapaz de agir conforme essa ordenação natural está pondo em risco sua permanência na Terra.

Os cenários da "crise de água" têm sido anunciados, pelo menos, desde Estocolmo – 72, a 1ª Conferência das Nações Unidas sobre o Meio Ambiente Humano. Nessa ocasião, os países em desenvolvimento e os industrializados traçaram, juntos, os "direitos" da família humana a um meio ambiente saudável e produtivo.

Na 2ª Conferência das Nações Unidas, a Rio-92, o compromisso foi com o desenvolvimento sustentável, isto é, aquele que atende às necessidades da humanidade no presente sem comprometer a capacidade de as gerações futuras atenderem também as suas.

A Cúpula Mundial sobre Desenvolvimento Sustentável, Rio + 10, realizada em Joanesburgo, África do Sul, tem possibilitado uma ampla divulgação da familiar litania sobre a "crise da água". Entretanto, verifica-se a repetição dos diagnósticos vexatórios, sobretudo, para os países em desenvolvimento, e pouco científicos. Dentre as alternativas mais baratas de mitigação ou de minimização da "crise da água", já verificadas nos países industrializados, principalmente, destacam-se o uso cada vez mais eficiente da gota d'água disponível e, sobretudo, do manancial subterrâneo, o maior volume de água-doce líquida da Terra, acessível aos meios tecnológicos e financeiros disponíveis no mundo, em geral, e no Brasil, em particular.

Desde a 1ª Conferência Mundial da Água realizada pelas Nações Unidas em Mar Del Plata, em 1977, já se destacava que a captação da água subterrânea seria a alternativa disponível mais viável para abastecimento do consumo humano. A sua captação sendo feita à custo e risco do próprio usuário, a utilização da gota d'água disponível sempre foi mais eficiente. A FAO também ressalta que a irrigação feita com água subterrânea é sempre mais eficiente, os produtos agrícolas têm alto valor de mercado e tem-se maior preocupação com a viabilidade econômica da produtividade alcançada. Ao contrário, nos casos da captação dos rios, os investimentos necessários são muito maiores e realizados pelo poder público. Consequentemente, cria-se a ideia de que a oferta de água é da responsabilidade de um "provedor" público, sentindo-se o usuário liberado do compromisso de uma utilização cada vez mais eficiente da gota d'água disponível.

Além disso, no anúncio da "crise da água" que deverá afetar a humanidade ainda nas primeiras décadas deste Terceiro Milênio, não se leva em consideração: 1) que os avanços tecnológicos da construção de poços, as crescentes performances alcançadas pelas bombas e a grande expansão da oferta de energia elétrica foram de tal forma surpreendentes que já não existe aquífero confinado ou profundo inacessível; 2) que a nossa capacidade de tratar e de transmitir informações atinge, atualmente, níveis nunca imaginados; 3) que a consideração do sistema de fluxos subterrâneos e das diferentes funções dos aquíferos – produção, filtro, depuração de águas de reúso, transporte, estocagem de água protegida das perdas dos intensos mecanismos de evaporação e de produção de energia geotermal, p. ex. – segundo os modelos matemáticos do tipo RASA – *Regional Aquifer-System Analysis* tornam obsoletos conceitos tradicionais tais como "safe yield", unidades hidrográficas e hidrogeológicas; 4) que saber usar a gota d'água disponível – captação de chuva, rio, subterrânea e de reúso, principalmente – é cada vez mais fator competitivo imposto pelo mercado global, mais importante do que ostentar sua abundância.

A DOMINIALIDADE DAS ÁGUAS SUBTERRÂNEAS (I)

nov./2002

A Constituição Federal de 1988 vigente atribui aos Estados as águas superficiais ou subterrâneas, fluentes, emergentes e em depósito, ressalvadas, nesse caso, na forma da Lei, as decorrentes de obras da União. Essa disposição constitucional é relevante, na medida em que todas as formações aquíferas mais importantes no Brasil se estendem para duas ou mais Unidades da Federação e as águas subterrâneas, até então sem titular definido, passaram a ser um bem público do domínio estadual.

Apesar de a Lei Federal n° 9.433/97, também chamada de Lei das águas, preconizar de forma clara que as águas superficiais e subterrâneas são indissociáveis no ciclo hidrológico, estas continuam sendo utilizadas de forma desordenada no Brasil. Os altos índices de perdas totais da água que é captada dos rios, tratada e ofertada nas cidades (40 a 60% aqui, contra 5 a 15% nos países desenvolvidos), os grandes desperdícios verificados nas cidades (100 a 300%) e a degradação da sua qualidade ter atingido níveis nunca imaginados, não preocupam os tocadores de obras extraordinárias. Entretanto, nos países mais desenvolvidos, já está evidente que a utilização do manancial subterrâneo para abastecimento doméstico e industrial, é a alternativa mais barata. Observa-se, também nesses países, que a injeção no subsolo dos excedentes locais e ocasionais de águas superficiais, dos esgotos tratados para controle da interface marinha, proteção de áreas encharcadas ou de pantanais e reúso das águas subterrâneas no meio urbano, nas indústrias e na agricultura, são alternativas mais baratas do que captar rios de forma empírica e improvisada que se transformam em depósitos de lixo.Todas as águas minerais, no Brasil, são águas subterrâneas naturalmente potáveis e comercializadas engarrafadas ou em carros-pipa.

Para se alcançar um uso mais eficiente da gota d'água disponível no mundo, uma das recomendações do Banco Mundial (BM) e da Organização das Nações Unidas (ONU) é considerá-la uma mercadoria, com preço de mercado. Nesse quadro, como os investimentos necessários à perfuração de poços e ao bombeamento da água subterrânea são feitos, regra geral, pelos próprios usuários, a sua utilização tende a ser mais eficiente em relação ao uso das águas superficiais, cuja oferta é feita e garantida por um "provedor" que investe muito dinheiro público para construção de obras extraordinárias.

Assim, no Centro-Oeste dos Estados Unidos – a maior economia de todos os tempos num meio árido com um coração desértico – o custo da água que é bombeada de poços cada vez mais profundos sendo crescente levou os agricultores a trocar os métodos de irrigação, cujas perdas totais da gota d'água disponível eram de 50%, por outros mais eficientes, com perdas de apenas 5%. Da mesma forma, passaram a recuperar os estoques dos aquíferos intensamente utilizados com águas de reúso, de enchentes dos rios ou importadas de bacias hidrográficas vizinhas. Trocaram culturas tradicionais por outras que consomem menos água e alcançam melhor preço no mercado. Durante o recente racionamento de energia elétrica ou o "apagão", alguns agricultores no Brasil sentiram que já não podiam bombear livremente a água do rio, do açude ou do poço para irrigar as culturas tradicionais. A cobrança inexorável da conta referente ao consumo de energia elétrica, (feita pela empresa distribuidora de energia agora privatizada) levou a percepção de que a água disponível também não era gratuita. Para viabilizar as atividades, os agricultores trocaram os métodos tradicionais de irrigação por outros mais eficientes, passaram a cultivar espécies vegetais que consomem menos água e cujos produtos alcançam melhor preço nos mercados regional, nacional ou internacional.

A DOMINIALIDADE DA ÁGUA SUBTERRÂNEA (II)

dez./2002

Inicialmente, quero desejar a todos Um Feliz Natal e Um Próspero Ano de 2003. Em segundo lugar, quero dizer da minha satisfação em ter participado do XII

Congresso Nacional da ABAS, em Florianópolis-SC. Na oportunidade, ficou claro o grande amadurecimento político do grupo que faz a ABAS e isso compensa qualquer sacrifício porventura realizado. Ficou claro, também, que a água subterrânea é cada dia mais um negócio, haja vista a pujança da exposição de equipamentos e técnicas, a maciça participação dos congressistas ao jantar de congraçamento e a grande frequência às conferências e mesas-redondas. Em terceiro lugar, quero agradecer as críticas, as observações e os elogios recebidos referentes à coluna do Aldo, publicada mensalmente no ABAS INFORMA do corrente ano de 2002.

Os Congressos da ABAS ainda não têm a cobertura desejada da mídia escrita, falada ou televisiva, mas isso pode ser um dos nossos defeitos. Certamente, seria de fundamental importância informar mais à mídia e à sociedade em geral, sobre a existência das águas subterrâneas e o grande alcance social e econômico da sua utilização racional. É preciso mostrar que a utilização da água subterrânea, isto é, aquela que flui "escondida" pelo subsolo de uma região ainda é a alternativa mais barata para solução dos problemas hídricos nos países desenvolvidos, principalmente. O desafio que se apresenta é fornecer de forma regular a gota d'água pelo menor preço possível, e usá-la com eficiência é mais importante que ostentar sua abundância.

No Brasil, verifica-se uma verdadeira corrida para captação da água subterrânea pelas empresas privadas e públicas de abastecimento. Além disso, a população mais rica das grandes cidades e áreas metropolitanas, indústrias, hotéis, hospitais e condomínio privados utilizam as águas subterrâneas como forma de evitar o desconforto das frequentes faltas d'água, as operações rodízio e como solução econômica, porque o tempo de amortização dos investimentos realizados é, em geral, bem mais curto do que sua vida útil dos poços. Nesse quadro, em algumas Unidades da Federação há até normas e regulamentos que proíbem o uso de água subterrânea onde se tem rede de distribuição de água tratada.

Dessa forma, o que mais preocupa, no Brasil, é a falta de política pública para uso e proteção das águas subterrâneas. Além disso, não há como considerar a grande diferença de preço de produção do metro cúbico d'água subterrânea em relação ao fornecimento da água tratada, as variadas funções que os aquíferos da bacia hidrográfica em apreço poderiam desempenhar numa abordagem de gestão integrada da gota d'água disponível, tais como: de produção de água subterrânea, de recarga artificial dos aquíferos, para estocagem no subsolo das águas de enchente dos rios para proteção contra as perdas intensas por evaporação, regularização da oferta d'água, autodepuração das águas injetadas em níveis ainda não alcançados pelos métodos de tratamento, perspectivas de reúso de água para controle da interface marinha nos aquíferos costeiros, alimentação das descargas de base dos rios, regularização dos níveis mínimos das águas de santuários ecológicos, dentre outras funções ambientais.

A Constituição Federal de 1988 estabelece que as águas subterrâneas são "bens públicos do domínio das Unidades da Federação" (Estados e Distrito Federal), até então sem titular definido. Entretanto, elas continuam sendo utilizadas, no Brasil, quase sem nenhum controle, certamente, porque são um bem público. Tanto na Constituição de 1988, como na Lei Federal nº 9.433/97 que instituiu a Política Nacional de Recursos Hídricos, criou o Sistema Nacional de Gerenciamento de Recursos Hídricos, regulamentou o inciso XIX do art. 21 da Constituição Federal de 1988, e altera o art. 1º da Lei nº 8.001, de 13 de março de 1990, que modificou a Lei nº 7.990, de 28 de dezembro de 1989, nada se fala da necessidade de uso e conservação das águas, em geral, e das águas subterrâneas, em particular.

Assim, nada consta sobre recuperação dos aquíferos intensamente utilizados, seja mediante a injeção das águas captadas pelas galerias pluviais no meio urbano, de enchentes de rios, injeção de água de reúso para controle da interface marinha, preservação de áreas encharcadas, pantanais e santuários ecológicos, ou para uso não potável no meio urbano, na indústria e na agricultura.

Tendo em vista os grandes volumes de capital necessários aos projetos de utilização das águas superficiais – construção de açudes, estações de recalque, adutoras e estações de tratamento – os investimentos são feitos, regra geral, com dinheiro público. Como resultante, desenvolve-se a ideia de que o fornecimento de água a qualquer preço é uma obrigação do Estado e verifica-se uma falta de compromisso com o seu uso eficiente.

A experiência já vivenciada da gestão integrada de bacias hidrográficas nos países desenvolvidos, mostra que a grande novidade é acabar com a ideia de que todas as bacias e mananciais podem ser regidos por uma legislação única que, por natureza, não dá conta da complexidade de cada uma em particular.

Assim, a ABAS deverá estimular seus membros para tomarem parte cada vez mais proeminente nos comitês de bacias hidrográficas e lutarem por Leis federais ou estaduais que estabeleçam políticas públicas de inserção das águas subterrâneas natural ou artificialmente recarregadas. As ideias tradicionais de uso e proteção das águas subterrâneas deverão evoluir do estudo hidrogeológico que define as perspectivas de se perfurar poços para produção de água para abastecimento do consumo humano, industrial ou irrigação, para uma abordagem mais ampla dos sistemas de fluxos subterrâneos e das diversas funções que poderão ser desempenhadas pelos aquíferos de uma bacia hidrográfica, como unidade fisco-territorial de planejamento.

13. REFERÊNCIAS BIBLIOGRÁFICAS

AMBROGGI, R. P. Underground reservoirs to control the water cycle. Ground Water, USA, v. 16, n. 3, 1978, p. 158-66.

BRASIL – Ministérrio de Minas e Energia – MME/ Agência Nacional de Energia Elétrica – ANEEL. O estado das águas no Brasil. Brasília, 1999, 333 p.

————. Agência Nacional de Águas – ANA. Evolução da gestão dos recursos hídricos no Brasil. Edição comemorativa do Dia Mundial da Água, Brasília, 2002, 64 p.

BERNER, E.K; BERNER, R.A. The global water cycle – geochemistry and environment. Prentice Hall, 1987.

BREGA, D.; MANCUSO, P.C.S. Conceito de reúso d'água. In: MANCUSO, P.C.S.; SANTOS, H. F. dos (eds.). Reúso de água. São Paulo, NISAM-USP/ABES/Editora Manole, 2003, Cap. 2, p. 21-36, 576 p.

BLOOM, A.L. Glacial-eustatic and isostatic controls of sea level since the last glaciations, in the late cenozoic ice ages. USA, Yale, University Press, p. 355-79.

BN – Banco do Nordeste – Mercado de água para culturas irrigadas no nordeste do Brasil. Tab. FRUPEX, Fortaleza, 1999.

CAMPOS, A.; POCHMANN, M.; AMORIM, R.; SILVA, R. (orgs.). Atlas da exclusão social no Brasil – dinâmica e manifestação territorial. Cortez Editora, v.2, 167 p.

CARVALHO, O. de. A economia política do nordeste: secas, irrigação e desenvolvimento. ABID, Editora Campos, São Paulo, 1988, 505 p.

DETAY, M. La gestion active des aquifères. Masson, Paris, 416 p.

EAGLAND, D. La structure de l'eau, La Recherche – special n. 221. Paris, 1990, v.21, p. 548-52.

ENGELEN,G. B. A system approach to water qualify. Quality of ground water proceed. Intl. Symp.–Studies in environmental sciences. Netherlands, v. 17, p. 1-15, 1981.

FALKENMARK, M. Micro-escale water supply/demand comparison on the global scene. Stockholm, 1986, p. 15-40.

IBGE – Inst. Bras. De Geogr. e Estatística. Censo demográfico, 2000.

IRITANI, M. A. Modelação matemática tridimensional para a proteção das captações de água subterrânea. Tese de Doutoramento, Inst. de Geociências, Universidade de São Paulo. São Paulo, 1998, 199 p.

HESPANHOL, I. Água e saneamento básico – uma visão realista. In: REBOUÇAS, A. C.; BRAGA, B.; TUNDISI, J. G. Águas-doces no Brasil: captal ecológico, uso e conservação. São Paulo, Escrituras Editora, 2003, Cap. 3, 704 p.

HESPANHOL, I. Potencial de reúso de água no Brasil, agricultura, indústria, município e recarga de aquíferos. In: MANCUSO, P.C.S.; SANTOS, H. F. dos (eds.). Reúso de água. São Paulo, NISAM-USP/BAES/Editora Manole, 2003, Cap. 3, p. 37-97, 576 p.

LOVELOCK, J. Healing Gaia. N. York Harmony Books, 1991, 340 p.

MACEDO, H. P. A chuva e o chão na terra o sol. São Paulo, Editora Maltese, 1996, 162 p.

MEINZER. O. E. Outline of groundwater in hydrology with definitions. USA, Geol. Water Supply Paper, 1923, 494 p.

OSMONT, A.; BERTAUX, J.L. L'eau dans le cosmos, La Recherche – special n. 221. Paris, 1990, v. 21, p. 556-62.

PYNE, R. G. D. Groundwater recharge and wells. A guide to aquifer storage and recovery. USA, Lewis Publishers, 1995, 376 p.

POMPEU, C. T. In: REBOUÇAS, A. C.; BRAGA, B.: TUNDISI, J. G. Águas-doces no Brasil: capital ecológico, uso e conservação. São Paulo, Escrituras Editora, 2002, Cap. 18, p. 599-633.

PROAGRI – Programa Cearense de Agricultura – Irrigando para a competitividade. Fortaleza, 79p.

QUEIROZ, S. R. Caminhos que andam: os rios e a cultura brasileira. In: REBOUÇAS, A. C.; BRAGA, B.; TUNDISI, J. G. Águas-doces no Brasil, capital ecológico, uso e conservação. São Paulo, Escrituras Editora, Cap. 21, p. 669-86, 704 p.

REBOUÇAS, A. C.; MARINHO, E. Hidrologia das secas: contribuição ao primeiro sem. Internacional sobre secas. UNESCO-Lima, Peru/SUDENE, Ser. Hidrogeologia, 40, Recife-Brasil, 1970, 130 p.

_____. Le problème de l'eau dans la zone semi-aride du Brésil: evaluation des ressources, orientation pour la mise en valeur, Thèse Doctorat d'Etat ès Sciences Naturelles, France, Université Louis Pasteur de Strasbourg, 1973, 291 p.

_____. Água na região nordeste: desperdício e escassez. Bol. Estudos Avançados-USP 11(26), São Paulo, 1997, p. 127-54.

_____. Estratégias para beber água limpa. In: O município no século XXI: cenários e perspectivas. São Paulo, CEPAM/ PRO EDITORES, 1999, p. 199-216.

_____. Água-doce no mundo e no Brasil. In: REBOUÇAS, A. C.; BRAGA, B.; TUNDISI, J. G. Águas-doces no Brasil: capital ecológico, uso e conservação. São Paulo, Escritras Editora, Cap. 1, 2002a, p. 01-37, 704p.

_____. Águas subterrâneas. In: REBOUÇAS, A. C.; BRAGA, B.; TUNDISI, J. G. Águas-doces no Brasil: capital ecológico, uso e conservação. São Paulo, Escrituras Editora, 2002b, Cap. 4, p. 227-48, 704 p.

_____. Aspectos relevantes do problema da água. In: REBOUÇAS, A. C.; BRAGA, B.; TUNDISI, J. G. Águas-doces no Brasil: capital ecológico, uso e conservação. São Paulo, Escrituras Editora, 2002c, Cap. 22, p. 687-703, 704 p.

SANTIAGO, M. M. F., REBOUÇAS, A. C.; FRISCHKORN, H. Modelos de balanço isotrópico e químico para avaliação de perdas de água por evaporação de fluxo subterrâneo de açudes. Anais. Brasília, 4o. Cong. Brás. Águas Suterrâneas, 1986, p. 514-27.

SEDU/PR. O pensamento do setor de saneamento no Brasil: perspectivas futuras. Brasília (Relatório), 2002, 135 p.

SOARES, O. Comentários à constituição da República Federativa do Brasil. 11a ed. São Paulo, Editora Forense, 920 p.

TELLES, D. A. Água na agricultura e pecuária. In: REBOUÇAS, A. C.; BRAGA, B., TUNDISI, J. G. Águas-doces no Brasil: capital ecológico, uso e conservação. São Paulo, Escrituras Editora, Cap. 9, p. 305-37, 704 p.

TOTH, J. T. Theorectical analysis of groundwater flow in small drainage basin. Journ. USA, Geophysical Res, 68 (16), p. 4765-812.

UNESCO/PHI– Programa Hidrológico Internacional. A inércia política agrava a crise da água: primeira avaliação sistêmica das Nações Unidas sobre os recursos hídricis mundiais. Kioto, Japão, Com. De imprensa n. 2003-16, 2003, 8 p.

VIEIRA. Água-doce no semiárido. In; REBOUÇAS, A. C.; BRAGA, B.; TUNDISI, J. G. Águas-doces no Brasil: capital ecológico, uso e conservação. São Paulo, Escrituras, 2002, Cap. 15, p. 507-30, 704 p.

WRI – World Resources Institute. In: World Resouces. Oxford University Press, 1990-91, Chap. 10, Freshwater, p. 161-78, 383 p.

Impresso em São Paulo, SP, em julho de 2011,
com miolo em chamois fine 70 g/m², nas oficinas da Corprint.
Composto em Frutiger Light, corpo 11 pt.

Não encontrando esta obra nas livrarias,
solicite-a diretamente à editora.

Escrituras Editora e Distribuidora de Livros Ltda.
Rua Maestro Callia, 123 – Vila Mariana – São Paulo, SP – 04012-100
Tel.: (11) 5904-4499 / Fax: (11) 5904-4495
escrituras@escrituras.com.br
vendas@escrituras.com.br
imprensa@escrituras.com.br
www.escrituras.com.br